Notion

最強效應用

范芙瑤(Freya Fan) 著

感謝您購買旗標書，
記得到旗標網站
www.flag.com.tw
更多的加值內容等著您…

<請下載 QR Code App 來掃描>

● FB 官方粉絲專頁：旗標知識講堂

● 旗標「線上購買」專區：您不用出門就可選購旗標書！

● 如您對本書內容有不明瞭或建議改進之處，請連上旗標網站，點選首頁的 聯絡我們 專區。

若需線上即時詢問問題，可點選旗標官方粉絲專頁留言詢問，小編客服隨時待命，盡速回覆。

若是寄信聯絡旗標客服 email，我們收到您的訊息後，將由專業客服人員為您解答。

我們所提供的售後服務範圍僅限於書籍本身或內容表達不清楚的地方，至於軟硬體的問題，請直接連絡廠商。

學生團體	訂購專線：(02)2396-3257 轉 362
	傳真專線：(02)2321-2545
經銷商	服務專線：(02)2396-3257 轉 331
	將派專人拜訪
	傳真專線：(02)2321-2545

國家圖書館出版品預行編目資料

Noiton 最強效應用：卡片盒筆記法×GTD 時間管理×
電子手帳×數位履歷×Notion AI / 范芙瑤(Freya Fan) 著.
-- 臺北市：旗標科技股份有限公司, 2023.10　面；公分

ISBN 978-986-312-760-4(平裝)

1.CST: 套裝軟體

312.49　　　　　　　　　　　　112009441

作　　者／范芙瑤 (Freya Fan)

發 行 所／旗標科技股份有限公司

　　　　　台北市杭州南路一段15-1號19樓

電　　話／(02)2396-3257(代表號)

傳　　真／(02)2321-2545

劃撥帳號／1332727-9

帳　　戶／旗標科技股份有限公司

監　　督／陳彥發

執行企劃／劉冠岑

執行編輯／劉冠岑

美術編輯／林美麗

封面設計／林美麗

校　　對／劉冠岑

新台幣售價：499 元

西元 2024 年 4 月 初版 2 刷

行政院新聞局核准登記-局版台業字第 4512 號

ISBN　978-986-312-760-4

序

　　「讓大家都可以透過 Notion 記錄自己生活的軌跡與掌握工作的全貌」是我最想透過這本書傳遞給大家的核心概念，我已經使用 Notion 非常多年，Notion 帶給我最大的改變就是：幫助我快速梳理、管理與分享資訊，讓生活與工作都變得更加高效以及更有組織，Notion 最終成為了我的第二個大腦。

　　進入數位化時代，我們每天需要處理非常大量的資訊與進行複雜的協作工作，大腦在同一時間需要多工處理的狀態下，就會需要一個能夠幫助你提升思考效率的工具，而 Notion 結合了數位筆記、專案管理、團隊協作等功能，是一個全方位的數位化管理工具，可以為個人或組織帶來前所未有的視野。

　　本書將會針對 Notion 的知識與情境應用進行詳細的說明與介紹，不論是初學者想要開始學習新的數位筆記管理工具，或是有一定基礎的 Notion 使用者，希望可以學習到更進階的應用，本書都將提供詳細的圖文解說步驟，幫助你充分運用 Notion 強大的功能，進而提高效率。

　　通過本書能讓您對 Notion 有更多的理解與認識，並打造「個人化」的生活與工作看板，跳脫出以往套用模板的限制，真正理解 Notion 的應用與幫助自己能夠持續地記錄下去，創造無限成就感。

　　最後，感謝您選擇本書，透過紮實的建立基礎知識與進行實作，相信能夠幫助你對於生活或工作都有更多的理解與更高的掌握度。

目錄

第 1 章　為什麼需要 Notion 來幫助你管理資訊

1-1　Notion 介紹..1-2

1-2　Notion 技能樹總覽...1-4

1-3　註冊等基礎知識..1-8

1-4　無痛轉移至 Notion...1-10

　　　從 Evernote 匯入 Notion..1-10

　　　Google Keep / Apple iOS 內建筆記 Notes.................1-10

第 2 章　Notion 新手基本功

2-1　基本功：介面介紹..2-2

　　　左側介面說明...2-2

　　　右側介面說明...2-5

2-2　基本功：基礎文字編輯..2-8

2-3　基本功：基礎文字排版..2-10

第 **3** 章 | # Notion 的生活紀錄與應用心法

第 **4** 章 | # 日常生活電子手帳

基礎篇應用：我的閱讀書單 4-2

4-1　**第一步：建立資料庫** 4-3

　　Inline：在目前母頁面上新增 4-3

　　Full page：以新的子頁面新增 4-3

4-2　**第二步：設定欄位屬性與建立資訊** 4-5

　　進度標籤 4-5

　　自定義標籤 4-6

　　日期功能 4-8

4-3　**第三步：新增多種資料庫顯示方式** 4-11

4-4　**第四步：大功告成，分享出去** 4-16

　　分享頁面 4-16

| 第 5 章 | 系統化追蹤看板 |

中級篇應用：年度計畫表 5-2

5-1　第一步：個人化頁面排版邏輯 5-4

5-2　第二步：新增頁面欄位 5-6

欄位切分順序：資料庫 > 文字 5-6

新增頁面欄位 5-7

5-3　第三步：新增日曆資料庫 5-9

新增日曆內容 5-11

日曆的資訊顯示 5-12

**5-4　第四步：新增額外的區塊欄位標題與
待辦事項** 5-15

新增額外的欄位區塊 5-15

新增待辦事項功能區 — 標題 5-16

新增待辦事項功能區 — 核取方塊 5-18

5-5　第五步：新增年度目標進度條功能 5-22

資料庫編輯技巧 5-22

新增進度條 5-23

5-6　第六步：大功告成，開始追蹤！ 5-31

設定目標 5-31

日常追蹤 5-31

第 6 章　卡片盒筆記法

進階篇應用：卡片盒筆記法應用 6-2

什麼是卡片盒筆記法 6-3

卡片盒筆記法的心法 6-5

6-1　第一步：建立一個陳列資料庫 6-8

建立陳列資料庫 6-8

選擇單選標籤並編輯屬性 6-8

6-2　第二步：新增資料庫頁籤 6-10

6-3　第三步：新增頁面過濾器 6-12

6-4　第四步：實踐卡片盒筆記法概念 6-14

第 7 章　Notion 的職場應用心法

第 8 章 **個人數位履歷**

基礎篇應用：數位履歷與作品集應用 8-2

8-1 第一步：建立個人資料區塊 8-6
設定背景照片 8-6
設定個人照片 8-9
個人資料與簡述職涯概況 8-10

8-2 第二步：說明主要專業技能 8-13
區塊大標題與分隔線 8-13
底色標題與內文 8-15
階層開關與夾帶附件檔案 8-17

8-3 第三步：學經歷與社團資料 8-22
文字與圖片或檔案並存的排版方式 8-22
書籤功能 8-23

8-4 第四步：其他作品集 8-25
利用陳列資料庫製作作品集 8-25

8-5 第五步：軟體與語言能力與社群經營 8-29
製作軟體與語言技能區塊 8-29
製作社群經營區塊 8-33

第 9 章 **工作管理系統**

中級篇應用：工作管理系統 9-2

9-1　**第一步：規劃與劃分欄位區塊** 9-5
切分頁面欄位 9-5

9-2　**第二步：建立「專案時程表」** 9-6
新增時間軸資料庫 9-6
編輯時間軸卡片資訊 9-8
變更資料庫屬性顯示範圍 9-16
建立項目相依性 9-19
建立子母項目 9-26

9-3　**第三步：建立「專案進度板」** 9-31
新增看板資料庫 9-31
活用「分群歸類」功能 9-36

9-4　**第四步：建立「臨時待辦事項區」** 9-41
新增清單資料庫 9-41
活用「排序整理」與「過濾」功能 9-46

9-5　**第五步：建立「靈感記錄區」** 9-49
新增清單資料庫 9-49

9-6 **第六步：建立「自定義快捷按鈕」**......9-53

製作按鈕區塊 9-53

新增「待辦事項區」按鈕 9-58

新增「靈感記錄區」按鈕 9-61

9-7 **第七步：大功告成，實際應用看看！**......9-64

新增工作項目 9-64

新增待辦事項與靈感 9-66

第10章 **GTD 時間管理系統**

進階篇應用：GTD 時間管理系統 10-2

什麼是 GTD 筆記法 10-4

為何需要 GTD 筆記法？ 10-6

GTD 筆記法 X Notion 筆記軟體 = GTD 時間管理系統 10-7

10-1 **第一步：建立頁面**......10-9

10-2 **第二步：建立「四大看板」**......10-10

建立「Inbox」看板 10-10

新增資料庫屬性與顯示 10-12

新增「今日／本週待辦事項看板」.................................10-25

新增「協作中看板」...10-30

新增「未來事項看板」...10-34

10-3 第三步：建立「工作日曆」.................10-39

建立工作日曆看板...10-39

10-4 第四步：建立「專案計畫看板」.................10-44

建立「專案計畫」看板...10-44

10-5 第五步：建立「潛在資料與想法看板」...........10-48

建立「潛在資料與想法」看板.....................................10-48

10-6 第六步：開始實作！.................................10-51

第11章 **Notion AI 應用**

Notion AI：生活與職場應用.....................................11-2

11-1 Notion AI 介紹.................................11-3

與 Chat GPT 的差異...11-3

Notion AI 如何購買...11-4

Notion AI 應用情境...11-5

系統內建之 AI 指令...11-6

進階 AI 功能...11-7

11-2 生活篇 11-9

規劃「旅遊行程」.. 11-9

製作「語言學習 AI 單字本」.................................. 11-12

11-3 職場篇 11-19

製作「會議統整 AI 助手」.................................... 11-19

附錄 A　**Notion 範例模板使用方式説明**

模板使用方式 A-2

「生活紀錄與應用」實作模板參考 A-3

「職場應用」實作模板參考 A-4

「AI 應用」實作模板參考 A-4

附錄 B　**Notion 技能樹**

第 1 章

為什麼需要
Notion 來幫助你
管理資訊

1-1 Notion 介紹

　　Notion 是一款目前越來越多人使用的線上雲端筆記軟體，可以透過編輯各種版面，讓你輕鬆且快速地記錄日常或是管理工作內容，不論是筆記紀錄、管理待辦事項或是進行專案管理都可以利用 Notion 最核心的概念 ——「單元塊」的方式，組合起來並編輯成符合自己需求的版面，現階段支援各種裝置的編輯應用，包括電腦（Windows 和 Mac）、平板與手機（iOS 和 Android 系統），且在不同裝置上修改資訊時，會即時同步與更新。

　　我已經使用 Notion 約四年的時間，在 Notion 推出之前，若平常遇到需要記錄靈感或是快速記下資訊的時候，大部分情況都是使用 Evernote [註1] 或是 Google Keep [註2] 來幫助我先暫時將資訊儲存在上面，但是大多數筆記軟體的功能皆停留在單純的文字紀錄與標籤分類，無法有更進一步靈活的編輯方式與應用，所以即使將資訊從紙本的筆記轉為數位的方式做紀錄，只是單純的把紀錄的地方轉移到電腦或平板上，當記錄的資訊量變多時，一樣會造成資訊不易查找或雜訊太多的問題。

　　因此，Notion 在筆記軟體中能逐漸受到大家喜愛的原因，就是因為擁有更多元化、靈活性，以及可以賦予自己創造力的編輯方式，跳脫出單純筆記軟體的設計，讓資訊可以變得更系統化與視覺化地呈現複雜的內容，並結合各項功能看板於一體（清單表、進度板、甘特圖等），讓資訊可以被處理得更好閱讀、分享出去，以及更容易幫助我們持續記錄下去。

註1　Evernote 是一個筆記軟體應用程式。

註2　Google Keep 是 Google 雲端筆記應用程式，紀錄形式為便利貼的概念。

Notion 推出後打破了大家對於筆記軟體的想像，近期連 Google 的雲端編輯，也有部分跡象顯示逐漸往類似 Notion 的編輯方式進行優化，例如：透過「@」就可以叫出一些特殊功能，可以藉此加速文字編輯的效率，不用一直在滑鼠與鍵盤之間切換。

Notion 最基本的幾種應用，包括下方幾種內建的形式：

● **筆記功能**：打開內建的空白頁面就是最基礎的筆記頁面功能。

● **資料庫功能**：可以建立一個或多個資料庫，再透過日曆、甘特圖、進度板等的方式呈現你所記錄下來的資訊。

MEMO

1-2 Notion 技能樹總覽

　　現在我們知道了 Notion 的整體設計的概念，但是在真正開始之前，大家一定會很好奇，究竟使用了 Notion 之後，我們可以應用在什麼樣的情境中，以及對於自己來說是否真的適合？

　　一個軟體從剛接觸到熟練的過程中，每個人都有不一樣的學習方式與歷程，在沒有找到符合自己的應用情境下，不論是什麼軟體，都會覺得學習起來相對吃力，所以我們可以透過下方的表格來了解自己，目前對於筆記軟體的需求程度。

Notion 學習歷程	生活應用	職場應用
基礎	簡單記錄生活，建立電子手帳	記錄工作事項與會議重點
中級	建立一個專業看板來規劃生活	透過專業看板進行工作管理與協作
進階	加入更清晰的編輯邏輯脈絡，讓筆記軟體成為你的第二個大腦	透過明確地管理流程，讓筆記軟體幫助你釐清工作的優先順序與重要程度

　　本書將會涵蓋「基礎」、「中級」、「進階」三種不同程度的內容應用，可以依照自己目前的需求，找到對應可以學習的資源，並非每個人都會需要一口氣學習到進階的操作內容，能夠熟悉與持續幫助自己記錄下去的筆記軟體才是最好的筆記軟體。

　　Notion 整體的編輯與應用，涵蓋的內容相對於其他市面上的筆記軟體來得多，所以我整理出了「Notion 技能樹」，可以透過一張圖了解技能的全覽，也讓大家可以清楚地知道，自己有興趣以及必須學習的關鍵內容有哪些。

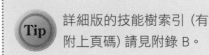

Tip　詳細版的技能樹索引 (有附上頁碼) 請見附錄 B。

如何運用這張 Notion 技能樹：

如果你是 Notion 初學者

你可以透過技能樹，了解各項功能的「難易程度」，並依照自己的筆記需求，學習相關功能的實際應用，並層層遞進地往更進階的內容學習。

● **如果你是有一定 Notion 基礎的學習者**

你可以針對不熟悉，或是想要了解更多應用的功能，直接找到對應的應用章節（詳見附錄 B）。

| :--- | :--- | :--- |
	文字編輯	顏色編輯
		主題符號與標題應用
	新增頁面	分頁功能
	屬性系統	進度標籤
		自定義標籤
		日期
		打卡功能
基礎	資料庫功能	列表資料庫
		看板資料庫
		清單資料庫
		陳列資料庫
		日曆資料庫
		時間表資料庫
	個人化頁面設計	新增封面照片與 icon

第 1 章 ‧ 為什麼需要 Notion 來幫助你管理資訊

中級	切分工作區域	用來區別工作與生活管理頁面
	個人化版面設計	切分欄位
	夾帶檔案	新增圖片與上傳檔案
	書籤功能	在頁面上放上書籤連結
	分享頁面功能	分享特定頁面成公開或特定的對象
	AI 功能 (2023 年最新推出)	AI 輔助整理資料

進階	過濾器功能	透過標籤調整資訊可視範圍
	排序功能	透過排序整理資料優先順序
	項目相依性	建立項目之間的相依關係
	子母項目	建立多個子母項目
	自定義按鈕	建立按鈕功能
	屬性系統	公式應用
	小工具應用	外部資料匯入與連動

　　透過上方技能樹可以知道，只要完成學習基礎的功能，即可開始使用 Notion 記錄與編輯，當對基礎功能比較熟練時，可以再往中級或進階應用前進，越往中級或進階功能，大部分會是一些特殊功能應用或排版技巧，讓整體工作效率可以再提升，或是透過進階功能讓頁面上有更多個人化的風格與設計。

　　所以不用太擔心要重新開始學習新的筆記軟體是否會花費太多時間，或是中間可能會使用起來不順手的問題，透過拆解步驟與學習歷程，可以讓你清楚知道如何一步一步成為 Notion 大師！

　　若你還是有點遲疑，可以透過下方五個簡單的問題，根據題目把分數加總，來了解自己如何開始使用 Notion：

1 我很常使用筆記軟體記錄資訊（1-5 分）

2 我經常將資訊記錄在我容易取得的地方，所以可以很容易查找資料（1-5 分）

3 我很擅長將資訊整理成有系統性的知識（1-5 分）

4 對於生活，我有一個迫切想要達成的目標（1-5 分）

5 對於職場，我想要有更高的工作效率與組織能力（1-5 分）

　　分數對應之 Notion 學習之路建議：

1-5 分	先透過 Notion 從輕鬆簡單地記錄生活開始，可以先不用急著開始學習功能，首先讓大腦熟悉資訊被記錄下來的感覺並持續下去。
6-10 分	你可以從了解 Notion 的應用情境開始，帶入自己有高度興趣的主題內容學習基礎功能。
11-15 分	找到自己的目標情境，除了基礎功能之外，一定要讓自己能夠往中級或進階功能前進，將資訊系統化與視覺化的優點，絕對會讓你腦洞大開！
16-20 分	對於資訊記錄與整理已經較熟練，把基礎功能熟悉後，就可以往個人化的系統看板學習，再來就是養成追蹤與記錄的好習慣。
21-25 分	你有強烈的使用動機與天份，透過 Notion 可以讓你各方面都更有效率，相信你一定可以成為 Notion 大師。

　　這裡還是要再強調一次，因為每個人都有不同的資訊理解與整理方式，不是學習到最進階的功能才是最適合自己的筆記軟體，因此，知道自己適合的方向與學習內容，才是本書想要傳達給大家關於 Notion 的理解與應用，舉例來說：假設做出或是套用了一個模板，但對於自己來說屬於過於複雜的看板與記錄方式，就無法讓自己穩定且持續的記錄下去。

1-3 註冊等基礎知識

Notion 除了個人範疇的應用之外，也可以用來作為團隊的協作軟體。目前如果作為個人使用是免費的，2019 年期間有一度轉成收費軟體，所以不排除不久的未來也有機會開始收費，當時的我是直接買了一年的訂閱，非常值得。既然如此，何不趁現在還是免費的狀態下，盡可能的使用與熟悉！

項目	個人使用（免費版）	個人使用（付費版）	商業版（每人每月）	企業版（每人每月）
費用	免費	年繳 8 美金／月 月繳 10 美金／月	年繳 15 美金／月 月繳 18 美金／月	年繳 20 美金／月 月繳 25 美金／月
檔案上傳大小限制	5 MB	無限制	無限制	無限制
頁面歷史編輯紀錄	7 天	30 天	90 天	無限制
邀請訪客數限制	10 人	100 人	250 人	250 人
個人化網域名稱	×	○	○	○
同步資料庫個數	1	無限制	無限制	無限制

* 以上為 2023 年十月資料，最新收費資訊請參考 Notion 官方網站[註3]

註3 Notion 官方網站收費資訊：https://www.notion.so/pricing。

Notion 教育版

Notion 針對教育版推出免費從「個人使用（免費版）」升級成「個人使用（付費版）」的方案，只要是教育工作人員或是學生，都可以使用「.edu.tw」的學校信箱申請帳號，並在個人帳號設定中，點擊申請轉換成教育版 Notion，且只要帳號一直綁著的是學校的信箱，即使畢業也不會被強制退回去免費版。

免費升級方式步驟如下：

- 第一步：使用「.edu.tw」的信箱註冊新帳號

- 第二步：點選左方功能列的 Upgrade（升級方案）下拉至頁面最底部

- 第三步：點選 Get free Education plan（獲得免費教育方案），輸入一組備援密碼後即可成功轉換

1-4 無痛轉移至 Notion

　　如果我現在是使用其他的筆記方式，要如何無痛地轉移並開始使用 Notion？我相信這是一個對於 Notion 有興趣但是遲遲無法跨出那一步的人發自內心的疑問，若你像我一樣原本是使用 Evernote 的話，剛好 Notion 有支援從 Evernote 匯入筆記的功能。

從 Evernote 匯入 Notion

　　Notion 支援一鍵從 Evernote 轉換過來，只不過資訊匯入後，有部分格式會跑掉，需要再花時間整理過一次，匯入方式如下方流程：

- 第一步：在左方功能列中可以找到 **Import 匯入**功能，點擊後會跳出軟體選擇的畫面。

- 第二步：點擊 **Evernote** 後會跳出 Evernote 登入畫面並要求授權。

- 第三步：點選要匯入的記事本後即可將內容匯入至 Notion 中

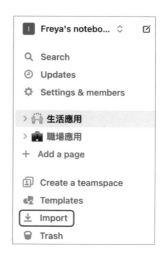

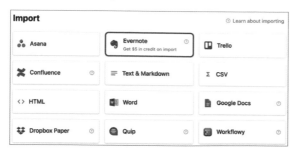

Google Keep / Apple iOS 內建筆記 Notes

　　目前尚未支援此兩種筆記匯入，所以只能手動搬遷。

第 **2** 章

Notion 新手基本功

基本功：介面介紹

Notion 在電腦、平板、手機都可以使用，本書以在電腦操作示範為主。剛打開 Notion 後可以看到畫面一分為二，分為左側與右側。接下來會介紹左右側欄位的功能。

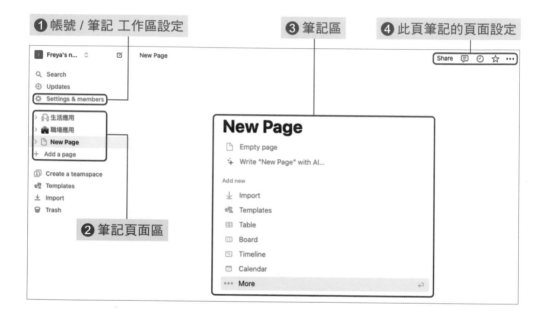

左側介面說明

📖 主要用途

側邊欄用來放置兩個主要的功能。

1 「帳號 / 筆記工作區設定」

2 「筆記頁面區」：一個 Notion 帳號下可以有「多個筆記工作區」

建立多個筆記工作區可以提供給不同情境的使用，例如：使用上可以建立兩個工作區，一個工作區專門記錄生活中的內容，一個工作區用來記錄工作的內容。如此一來就可以區隔兩種情境的應用，不會造成筆記記錄一陣子後，看板與資訊過多，容易造成頁面混亂的狀況。

📖 常用功能

1 建立多個工作區[註1]：
未來若需要更換工作區，也是點擊步驟一的工作區標題做切換。

註1 如需要刪除整個筆記工作區，則需要到「Settings & member」中 Workspace 的「Settings」，頁面最下方的「Delete entire workspace」操作。

2 筆記工作區的顯示
名稱：例如可以自
己命名為「Freya's
Notion」，並更改
顯示的 icon。

3 通知設定：編輯可以收到 Notion 通知
的地方 註2，因作業系統的差異，此頁面
可能會有不同的顯示方式，下方為使用
「MAC 網頁版」作為範例說明。

註2 此功能的實際應用案例可以參考「第四章節」的「第二步：日期功能」。

4 深色版 / 淺色版：依據喜好
變更底色為白色或黑色。

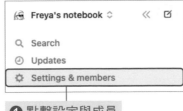

❶ 點擊設定與成員

❷ 點擊帳號設定　　　　　❸ 設定成深色版或淺色版 Notion

右側介面說明

此頁筆記的
頁面設定

筆記區

📖 主要用途

即為實際筆記紀錄頁面，右上角的小功能欄位可以調整當下編輯頁面的細節。

📖 常用功能

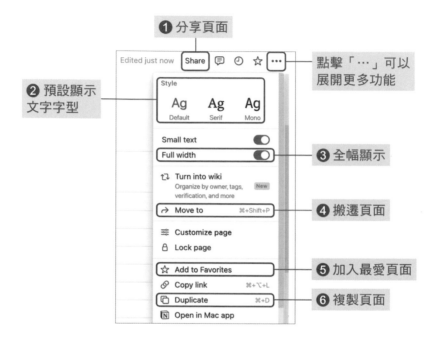

1️⃣ **分享頁面**[註3]：可以分享特定頁面給其他人瀏覽、下註解、編輯。

2️⃣ **修改預設字型**：Notion 目前提供三種系統預設字型可以選擇。

3️⃣ **全幅顯示**：將頁面展開成全幅的方式顯示與進行編輯[註4]。

4️⃣ **搬遷頁面**：可以將頁面移到指定的地方。

註3 此功能的實際應用案例可以參考「第四章節」的「第四步：分享頁面」內容。

註4 此功能的實際應用案例可以參考「第四章節」的「第三步：新增多種資料庫顯示方式」內容。

5 **加入最愛頁面**：加入「我的最愛」之後，會在左側欄位的地方多出一個「我的最愛」區域，就可以更快找到常用的筆記頁面。

6 **複製頁面**：可以複製特定的頁面到指定的地方，再進行修改。

後續我們會在實際應用的頁面中，慢慢地讓大家上手各種功能。

2-2 基本功：基礎文字編輯

在建立個人書單之前，我們要先學習 Notion 的文字編輯系統，它提供了非常多元的呈現方式，操作方式非常簡單，輸入文字後選取起來，就可以針對文字進行編輯。

基礎文字編輯功能由左至右，實際變更後的文字呈現如右：

1. 粗體	**我的閱讀書單**
2. 斜體	*我的閱讀書單*
3. 底線	<u>我的閱讀書單</u>
4. 刪除線	~~我的閱讀書單~~
5. 程式碼	`我的閱讀書單`
6. 方程式	$x + y = z$ * 較無在中文字上的應用
7. 顏色與底色	我的閱讀書單　　**我的閱讀書單**

後續我們就可以利用這些文字的類型，來編輯筆記的內容。

這樣的搭配就可以讓文字更加被凸顯出來，可以利用在需要強調特定文字的時候。

註5 Notion 目前不支援同時更改文字顏色與底色的設定，故我們可以透過用「程式碼」的方式做到一樣的效果，在特定文字顏色設定下，程式碼的底色也會被固定成灰色。

2-3 基本功：基礎文字排版

除了文字的基礎應用外，排版也會是一大學習重點，好的排版可以讓你閱讀資訊更有效率，Notion 目前提供了 20 種文字排版樣式，且持續快速地增加更多功能中。

選取文字後再點擊「Text」，就可以變更文字的排版類型

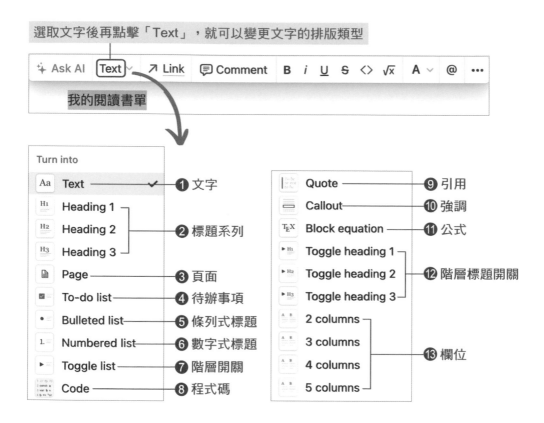

↓ 文字排版效果說明

功能	實際應用展示
❶ 文字（Text） 最原始的文字樣式	保留最原始的文字 <div align="right">▼接下頁</div>

功能	實際應用展示
❷ 標題系列 用來作為主題文字的功能，有三種文字大小可以設定： • 大標題 (Heading 1) • 中標題 (Heading 2) • 小標題 (Heading 3)	# 這是大標題文字 ## 這是中標題文字 ### 這是小標題文字 這是正常大小文字
❸ 頁面（Page） 此功能為直接開啟一個新的「子頁面」在目前頁面上。以大家熟悉的 Word 系統來舉例的話，就是在一個 Word 文件檔裡面再開啟一個 Word 文件，這個功能使用情境非常多，尤其是資訊有層層遞進的情況時。 前面的小圖示代表的是「子頁面」，打開就會是一個完整的 Notion 頁面，功能皆與母頁面相同。	**我的閱讀書單** 📄 **自我成長類** 📄 **投資理財類**
❹ 待辦事項（To-do list） 待辦事項會自動幫你帶入可以勾選的方格，打勾後文字會自動被劃掉且灰階處理，可以用來紀錄自己的待處理事項，如右方範例。	☑ 完成二月活動企劃 ☐ **完成這週社群貼文**

❺ 條列式標題（Bulleted list）
 	
顧名思義即是項目標題，最多有三種階層圖示。
	• **第一層圖示**
	  ◦ **第二層圖示**
	    ▪ **第三層圖示**
	      • **第四層會重複第一層**
	        ◦ **以此類推**

❻ 數字式標題（Numbered list）
 	
同項目標題，圖示會變成數字、英文與羅馬文字。
	1. **第一層文字**
	  a. **第二層會是英文字母**
	    i. **第三層會是羅馬文字**
	      1. **第四層會重複第一層**
	        a. **以此類推**

▼ 接下頁

功能	實際應用展示
❼ 階層開關（Toggle） 階層開關的功能可以將內文隱藏收起來，可以讓複雜的內容透過收合的方式讓頁面更為簡潔。	當階層收合時： ▶ **這是主要的文字** 當階層展開時： ▼ **這是主要的文字** **這是內文**
❽ 程式碼（Code） 用來特別針對程式碼做文字編輯，支援多種程式語言與對應的格式。 左上角的箭頭可以選擇你想要顯示的「程式語言」模式，若對應到正確的語言，格式即會自動帶入該程式語言的排版（如右圖 SQL 語法的範例）。	```sql\nSQL ∨\nCREATE VIEW asst_only AS\nSELECT\n SUBSTRING(job_title FROM 10) #length 10\nFROM\n stuff\nWHERE\n job_title LIKE 'Assistant%'\n``` Search for a language... ABAP Agda Arduino Assembly Bash BASIC BNF C C# C++ Clojure
❾ 引用（Quote） 可以將文字轉換成像是文章中常見的「名言佳句」呈現方式。	❘ 可以放上一段重要的文字
❿ 強調（Callout） 可以將文字凸顯出來，並在最前方加上 emoji 的功能！	🔥 這個是強調功能的示範
⓫ 公式（Block equation） 可以編輯與呈現複雜的數學公式，右方為 Notion 官網的示範案例。	$$i\hbar\frac{d}{dt}|\Psi(t)\rangle = \hat{H}|\Psi(t)\rangle$$

▼ 接下頁

功能	實際應用展示
⑫ 階層標題開關（Toggle headling） 這是一個「❷ 標題系列」與「❼ 階層開關」結合的新功能，但略有不同的是此功能可以在標題文字大小不同的標題下，進行收合，有三種文字大小可以選擇，可收合的項目沒有數量限制。 • 大標題（Toggle headling 1） • 中標題（Toggle headling 2） • 小標題（Toggle headling 3）	▼ **階層標題一（大字）** ☑ 可收合的內容項目一 ☑ 可收合的內容項目二 ▼ **階層標題二（中字）** ☑ 可收合的內容項目一 ☑ 可收合的內容項目二 ▼ **階層標題三（小字）** ☑ 可收合的內容項目一 ☑ 可收合的內容項目二
⑬ 欄位（Columns） 可以透過此功能直接把頁面輸入的方式一分為多，變成多欄位的筆記格式，共有可以 2-6 個欄位選項可以選擇。	**欄位一**　　　　　**欄位二** • 內容一　　　　• 內容二

　　以上的排版方式可以作為你隨時查找的工具，在書寫或規劃頁面時，都可以作為你的參考資料，找到最適合的文字呈現方式。

Tip 一般在使用時，會透過輸入「/」快速叫出功能列，這樣就可以在輸入文字前就先設定好格式，接著就可以依照設定好的文字類型與排版進行資訊編輯。

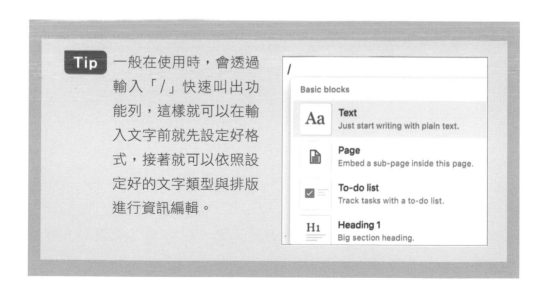

MEMO

第 **3** 章

Notion 的生活紀錄
與應用心法

透過前面的技能樹拆解，我們可以知道 Notion 不僅可以是個單純記錄文字的應用軟體，也可以是個幫助自己記錄生活的全方位數位手帳。

在生活應用上，可以根據自己的需求，用來追蹤你的「生活日常」等有興趣的主題與內容，透過 Notion 記錄下來的優點可以歸納出下面三點：

1 留下紀錄，有需要時可以隨時回來查看：

若能主動記錄生活中的日常，可以幫助我們掌握生活現狀，並了解自己對於各項內容的學習歷程。例如：我自己的生活紀錄就包括閱讀過的書籍、爬過的山與每週重訓的紀錄。我相信大家都有這樣的經驗，有時候會突然想到一些過去曾經看過或接觸過的東西，但是卻無從查找，若你當時曾經記錄下這些內容，就可以打開來再次確認與幫助自己延伸當時的想法。

2 更容易追蹤狀態並設立目標：

若能穩定且持續地記錄，想你要更進一步往下時，可以很容易透過之前的紀錄幫助我們去設定未來的目標，舉例來説：透過開始記錄，我可以清楚知道自己每個月閱讀了 3 本書且了解書單的類型，在思考自己的閱讀習慣如何更上層樓的時候，就可以很快速地去設定閱讀的目標，例如提升到每月 5 本書且設定更多元的目標書單。

3 主動創造成就感：

記錄生活學習歷程除了能讓生活變得有趣之外，也是能讓習慣持續維持下去的關鍵，你可以看到自己的成長軌跡及與之而來的成就感，透過記錄下這些生活上的累積，長久下來這股力量會讓你保有源源不絕的動力。

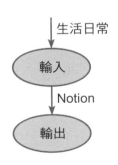

總結以上三項優點，即是透過有意識的「輸入」與「輸出」，並以 Notion 做為輸出媒介，可以幫助你提高對生活的掌握度。

接下來我們將進入 Notion 的「基礎篇」，透過學習基礎的編輯方式與創造變化，開始嘗試把腦中的思緒記錄下來。

生活紀錄與應用 (基礎篇)

第 **4** 章

日常生活電子手帳

基礎篇應用：我的閱讀書單

Goal 將學習到的 Notion 技巧

- 建立多個資料庫（列表 Table 與陳列資料庫 Gallery）
- 建立標籤分類
- 建立項目的日曆提醒功能
- 設定封面照片與資料庫呈現方式
- 群組顯示模式
- 公開分享頁面

本章節所使用的 Notion 模板連結 [註1]：

透過基礎篇的學習，最終我們會做出「我的閱讀書單」，如下圖所示：

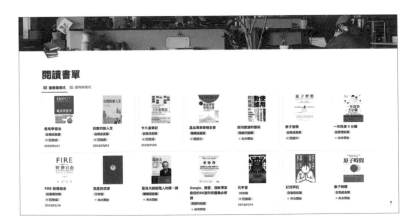

在本篇拆解過程中學習到的技巧與功能，都可以來創造更多生活紀錄主題，例如：我的跑步紀錄、我的旅行紀錄、我的爬山紀錄等。

註1 本書提供之範例模板使用方式可以參考「附錄 A：Notion 範例模板使用方式說明」。

4-1 第一步：建立資料庫

在 Notion 中有一個很重要的資料集合概念叫做「資料庫」，在 Notion 中建立的資料庫可以作為各式視覺化呈現的基礎，意即只要建立「一個」資料庫後，就可以透過不同的顯示方式來呈現不同情境下需要的視覺畫面。

建立資料庫有兩種形式：

Inline：在目前母頁面上新增

這類型的資料庫會在原本編輯的地方直接加入，為較多情境下會選擇的類型，同時可以在頁面上繼續編輯其他版位，同時一起瀏覽資料庫內容。

Full page：以新的子頁面新增

會以全新的頁面開啟新的資料庫，多用於要特地獨立出來一個資料庫，或是不想讓資料庫佔去太多版面位置時使用。

建立資料庫

⊞ Table

Untitled

Aa Name   ☰ Tags   +   ⋯

+ New

📄 Full page

Inline 資料庫

Full page 資料庫

1 這次我們選擇用「頁面上新增」的方式,資料庫形式先選擇**列表 (Table view)**:

2 資料庫來源選擇**建立新的資料庫 (+ New database)**,因為我們沒有現存的資料庫資訊可以直接帶入。

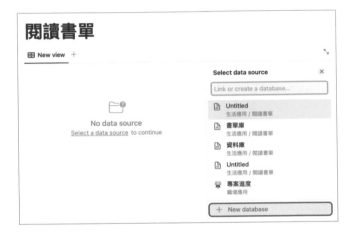

3 框起來的地方分別是不同的標題類型,都可以直接點擊文字後開始進行修改。針對資料庫欄位的地方,系統預設為兩個欄位,若需要更多欄位,可以點擊資料庫欄位最右側的「+」來新增新欄位後再進行欄位標題的編輯。

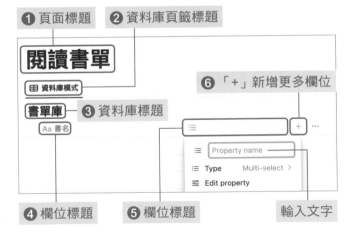

第二步：設定欄位屬性與建立資訊

在資料庫中，我們可以自定義欄位的「屬性」，透過閱讀清單，我們會應用到以下的功能：

● **進度標籤**：可以用來確認單一項目目前的進度狀態。

● **自定義標籤**：可以自定義任何種類的標籤，本次我們會用來標籤書籍的種類。

● **日期功能**：記錄日期的功能，可以應用在「目標完成時間」、「已完成時間」等使用情境上，本次用來記錄閱讀完成的時間。

首先我們先來建立「進度標籤」並把它變成喜歡的樣子！

進度標籤

1 點擊欄位標題後選擇屬性 (Type)，再選擇進度 (Status)。

若這裡無法直接點擊進行修改的話，可以直接透過欄位右側的「+」，進行新增新的欄位屬性。

2 一開始的進度名稱
會是英文的，我們
可以把它改成自己
熟悉的進度顯示
文字，點擊進度
標籤後選**編輯屬性
(Edit property)**，
在右側欄位就會跳
出可以進行修改文
字的小視窗，再點
擊想要修改的進度
文字即可。

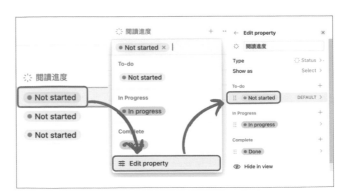

3 完成進度標籤，已
經開始有點閱讀清
單的雛形了！

自定義標籤

　　自定義標籤會是之後常用到的欄位屬性，因為透過建立標籤之後，後
續我們可以透過延伸應用的「過濾器 (Filter)」功能，將資料進行排列或篩
選，這裡我們會先學會如何建立標籤。

1 點擊「+」新增欄位後，右方會跳出屬性選擇的視窗，這邊可選擇單選標籤 (Select)。

❶ 新增欄位　❷ 單選標籤或多選標籤

Tip 欄位標籤總共有兩種形式可以選擇，差異如下：

- 單選標籤 (Select)：用於只會有單一選項時，例如：書籍類型。

- 多選標籤 (Multi-select)：用於會需要下多重標籤時，例如：放上預計固定閱讀的時間「星期三晚上」、「星期五晚上」。

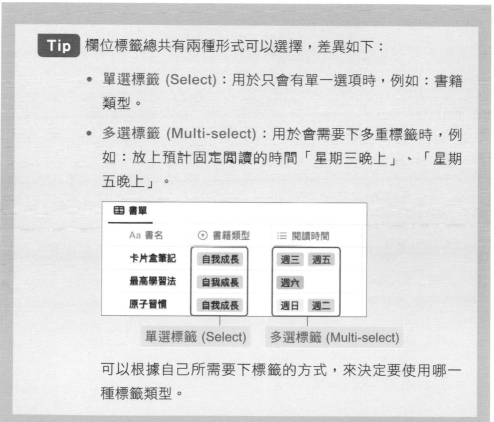

單選標籤 (Select)　　多選標籤 (Multi-select)

可以根據自己所需要下標籤的方式，來決定要使用哪一種標籤類型。

2 選擇完屬性後，點擊該欄位的下方空白欄位時就會跳出可以建立標籤的視窗，透過輸入文字來創建新的標籤內容，一開始系統會自動隨機帶入文字標籤的顏色。

3 建立完成後，若要修改標籤時，可以透過標籤右側的「⋯」來修改標籤顏色與文字。

❶ 輸入文字

❷ 點擊創建

❸ 點擊「⋯」可以修改標籤預設顏色

日期功能

欄位中加入日期功能可以有幾種方式的應用：

● **單一日期**：設定單一日期，例如：目標完成日期。

● **日期區間**：設定一段時間區間，例如：事項預計進行的時間區間。

● **提醒**：除了放上日期之外，可以同時設定通知功能，透過手機或 Email 接收相關事項的提醒通知。

接下來我們來試著加入三種不同的時間設定：

1 點擊「+」新增欄位後選擇**屬性 (Type)**，再選擇**日期 (Date)**，可以同時更改欄位名稱。

2 選擇單一日期時，只要點選日期時間即可設定完成。

3 選擇時間區間時，把**結束日期 (End date)** 開啟，就可以設定成時間區間，若同時開啟**加入時間 (Include time)**，還可以細節設定到有小時與分鐘為單位的時間。

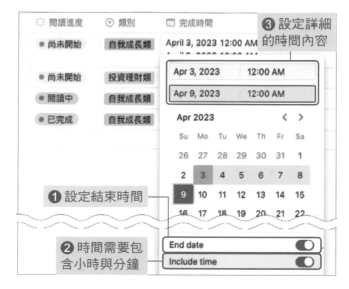

4 設定提醒功能時，把 提醒 (Remind) 選項打開，並選擇想要被提醒的時間，即可完成設定。預設的文字會呈現藍色且旁邊會出現鬧鐘的提示，若日期距離今天時間僅剩一天時，文字會自動呈現紅色。

5 完成各種日期的設定。

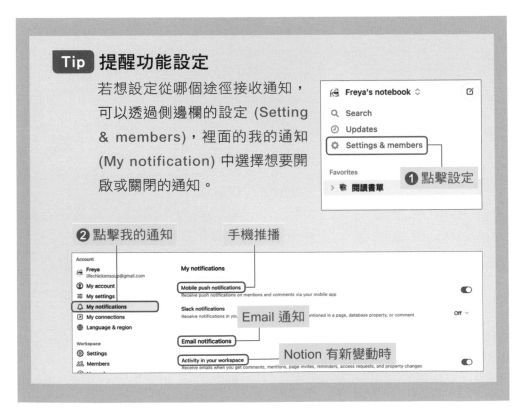

一開始我們是透過**列表 (Table) 資料庫**進行資料的新增與進行欄位的屬性設定，你一定曾經遇過，在記錄與執行過程中，一開始直覺式選定的資料呈現方式會漸漸不敷使用，或是想要同時有不同的顯示方式。

Notion 在這部分做得非常出色，你可以從編輯好的資料庫模組，新增不同的瀏覽方式，幫助你從不同的角度理解文字與資訊！

接下來我們透過新增**陳列 (Gallery) 資料庫**，把剛剛我們建立好的資料庫，透過新增新的顯示方式來達到下方的效果。

1 新增資料庫之前，先將頁面呈現方式改為「整頁式」：Notion 一開始預設的頁面是置中頁面，透過下方設定可以延展頁面，變成整頁式的瀏覽方式，能夠呈現出更完整的資料內容，點擊頁面右上方的「…」，可以更改筆記頁面的呈現方式。

2 在原本的資料庫的頁籤右側「+」新增**陳列 (Gallery) 資料庫**。

3 編輯書籍照片：點擊每一項內容，會進入到該項目的子分頁，可以透過將滑鼠滑到標題文字上方的區域，在頁面上方會出現**加入封面 (Add cover)** 功能，我們可以透過這個功能上傳書籍封面。

4 接著回到資料庫右上角的「⋯」中，進入版型 (Layout)，❸❺❽是可以依據自己喜好選擇的內容，❹❻是為了做出本次版面必須選擇的項目，將**卡片預覽 (Card preview)** 改為顯示**封面照片 (Page cover)**，並把**符合圖片大小 (Fit image)** 開啟。

而 ❼ **顯示欄位屬性 (Wrap all properties)** 的功能可以讓卡片的資訊「全部」展開或縮減，可以根據自己的習慣或資訊的類型，決定顯示的資訊量多寡。

❸ 選擇是否顯示資料庫標題
❹ 卡片預覽選擇封面圖片
　（內容 / 封面圖片）
❺ 選擇卡片大小（小 / 中 / 大）
❻ 開啟符合封面圖片大小
❼ 是否顯示所有欄位的屬性資料
❽ 選擇開啟方式
　（側邊欄 /跳出中間視窗 / 整頁）

5 接著我們要調整屬性的可視範圍，回到資料庫設定中的**屬性 (Properties)**，將你想看到的內容點擊顯示。

6 最後可以將頁面加入一張你喜歡的封面照片以及 emoji，就大功告成了！

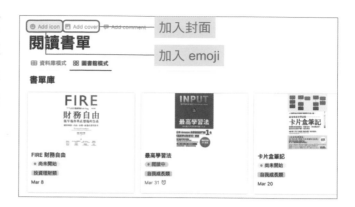

7 加上封面照片和 emoji 之後，會變得更有個人風格！

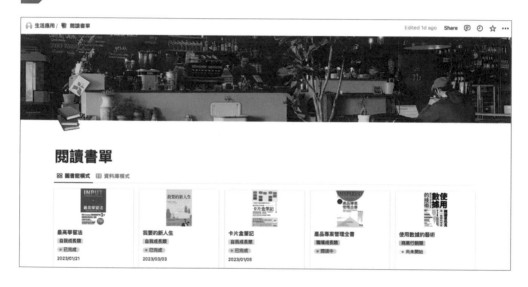

Tip **群組顯示模式**

若你希望頁面上的資訊可以依照相同項目分群顯示，可以透過內建的群組 (Group) 功能。

在資料庫右上的「…」中選擇群組 (Group) 並選擇分類依據，頁面就會根據類別顯示。

▼ 接下頁

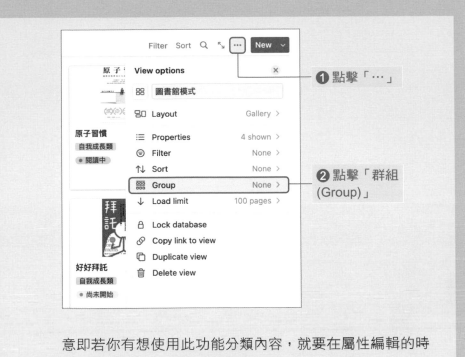

意即若你有想使用此功能分類內容，就要在屬性編輯的時候，加入能夠作為分類依據的項目，即可透過此功能完成分類。

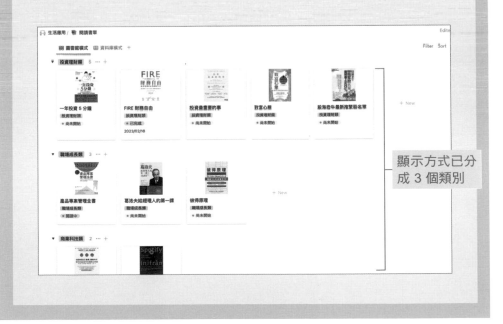

第四步：大功告成，分享出去

　　完成後的閱讀書單最外層會像是個人圖書館，針對閱讀的內容也可以單獨記錄在每本書的單獨頁面中，讓閱讀的資訊統一整理在你的 Notion 頁面中，若之後想回頭查看當時的重點筆記，都可以非常有效率的找到你要的資訊。

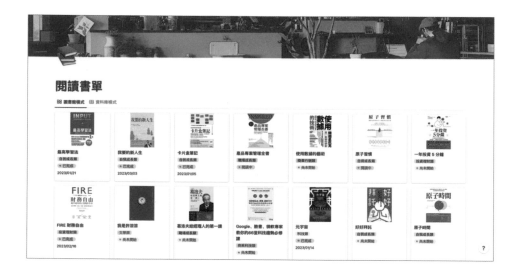

分享頁面

　　辛苦地閱讀完一本書且做了豐富的筆記之後，若想和朋友分享內容，可以透過一些簡單的設定，讓特定的頁面可以有公開的連結分享出去。

1 點擊右上方的**分享 (Share)**。

2 分享功能有兩個方式：

- **邀請加入頁面 (Share)**：透過直接搜尋名字或是群組來加入（如果是團體協作時，即可直接選取），也可以使用 email 邀請，成功邀請後可以編輯每位成員的不同編輯權限，像是「只能瀏覽、可以註解、可以編輯」，或是擁有頁面的所有權限。
- **直接發佈於網路上 (Publish)**：只要擁有連結的人都可以看到，且針對所有人只有一種統一的權限。

兩者差異是，如果只想讓特定人員看到，且希望每個人有不同權限設定，建議使用**邀請 (Share)** 的方式。而如果是要讓對方能夠快速透過連結就進行瀏覽或編輯，則可以使用**發佈 (Publish)**，設定好權限後，最後點選**複製連結 (Copy link / Copy web link)** 即可將你想分享的內容，讓其他人用網頁的方式瀏覽！

MEMO

生活紀錄與應用 (中級篇)

第 **5** 章

系統化追蹤看板

中級篇應用：年度計畫表

Goal 將學習到的 Notion 技巧

- 個人化頁面排版邏輯（頁面欄位功能）
- 欄位標題形式應用
- 日曆功能
- 進度條製作（內建顯示與公式應用）

本章節所使用的 Notion 模板連結[註1]：

　　進入中級篇後，有別於基礎篇的內容與實作，基礎篇主要以一頁式的方式來製作內容，而中級篇我們開始加入「頁面區塊」的概念，以及融入更多個人化的頁面邏輯設定與思考，打造符合自己的年度計畫表！

　　本次的「年度計畫表」主要會分成四大區塊「待辦事項區、計畫中事項區、週／月執行日曆區、目標進度達成區」，這些區塊各自的功能應用與目的說明如下：

區塊	功能應用	目的
近期待辦事項區	待辦事項 (To-do list)	列出近期待辦事項，可以隨時提示自己尚未完成的內容
計畫中事項區	待辦事項 (To-do list)	列出年度計畫待辦事項
週／月執行日曆區	日曆資料庫 (Calendar database)	透過日曆安排計劃執行時間
目標進度達成區	列表資料庫 (Table database)	透過進度表追蹤年度計畫達成進度比例

註1 本書提供之範例模板使用方式可以參考「附錄 A：Notion 範例模板使用方式說明」。

透過中級篇的學習，最終我們會做出「年度計畫表」，如下圖所示：

年度計畫表

☑ 近期待辦事項

☐ 開銀行證券帳戶
☐ 買 5 本理財書

🔥 計畫中事項

☐ 開通每月定期定額 0050
☐ 研究美股 app

⊞ 年度計畫 ⌄

進度追蹤

📖 讀 40 本書
▰▰▱▱▱▱ 35%

🪙 台積電零股存股
▰▱▱▱▱▱ 25%

✏️ 完成英文線上課程
▰▱▱▱▱▱ 10%

⛰️ 爬 2 座百岳
▰▰▰▱▱▱ 50%

+ New

📅 年度計畫日曆

March 2023   ⟨ Today ⟩

Sun	Mon	Tue	Wed	Thu	Fri	Sat
26	27	28	Mar 1	2	3	4
	規劃玉山行程 ⛰️ 爬 2 座百岳 ● Not started					研究各家銀... 🪙 台積電零... ● Not started
	原子習慣 📖 讀 40 本書 ● In progress					
5	6	7	8	9	10	11
	最高學習法 📖 讀 40 本書 ● Not started					

+ ⠿

MEMO

在開始實際輸入文字與建立資料庫之前，首先我們需要先就版面來規劃整體的視覺呈現與資料記錄的動線，因為每個人的記錄方式與習慣都不相同，所以在開始之前可以先嘗試列出自己所需要的功能項目，再進一步把各項目安排在適合的版面位置上。

透過本次主題，我們可以練習寫下自己的「年度計畫表需求」，並試圖將他們排列起來成自己喜歡的樣子，舉個例子來說，首先我先思考了這個版面上我想要有的功能。

我需要的功能有：

● 可以列出待辦事項

● 有一個日曆可以瀏覽未來事項

● 追蹤我的年度計畫的進度

若以這樣的功能需求清單為例，可以先大致上安排各項功能在自己希望的版面位置上，讓整體頁面符合自己思考的順序與邏輯，這點非常重要，若能夠在開始之前先思考整體頁面邏輯，可以讓你跳脫出「套用模板」的方式，從「**強迫自己適應別人的記錄方式**」轉換成「**打造最適合自己的筆記系統**」，若越能符合自己的需求，未來在後續的日常紀錄中，都可以更投入以及持續優化成專屬於自己的強大筆記系統！

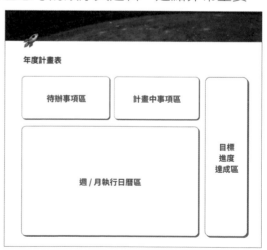

以上方例子來說，即便是相同的功能，都仍有許多不同的排版配置方式，這會取決於每個人的記錄習慣，若你還是不太知道如何配置版面，**可以先回想一下自己針對這樣的主題，最開始的思考與處理事情的順序**，以我自己的順序會是這樣：

```
┌─────────────────┐
│ 打開日曆確認      │
│ 待辦事項          │
└─────────────────┘
         ↓
┌─────────────────┐
│ 確認完待辦事項    │
│ 後，微調日曆      │
└─────────────────┘
         ↓
┌─────────────────────┐
│ 完成各項事項後，回到頁面 │
│ 上更新進度並確認是否需要 │
│ 追加該項目的投入時間    │
└─────────────────────┘
         ↓
┌─────────────────┐
│ 本日／週結束時，確認 │
│ 各事項是否在進度上  │
└─────────────────┘
         ↓
┌─────────────────┐
│ 確認日程是否有需要更動 │
│ 的內容以及預先安排日程 │
└─────────────────┘
         ↓
┌─────────────────┐
│ 瀏覽一下目標      │
│ 達成狀態          │
└─────────────────┘
```

透過此順序，可以知道的是，**日曆**與**待辦事項**是最早也是最常會接觸到的版面功能，所以在編排上，可以將這兩個放在頁面打開後相對顯眼且容易編輯的位置，其他使用頻率相對較少的功能則可以放置在頁面的側邊欄位，或是比較下方的位置作為輔助瀏覽與使用。

你也可以利用這樣的模擬編輯方式，在腦中想像一遍順序，再將腦中的順序實際在版位上嘗試排列，就可以先把相對的功能，放進自己編輯起來最舒服且習慣的位置。

首先透過在一開始編輯頁面的時候，就先將頁面分成不同的區塊，可以幫助我們清楚地區分頁面，並達到我們預先規劃好的版面配置。

欄位切分順序：資料庫 > 文字

這裡的意思是指，頁面編輯的順序要是「新增資料庫 > 文字編輯」，我們需要先將未來會放置資料庫的區塊先區隔出來，因為在 Notion 中的資料庫屬性設定關係，無法與一般文字一樣有非常彈性的拖拉功能，所以我們在規劃欄位時，要先從資料庫的區隔開始先分成需要的欄位後，再針對基本文字功能區域再次切分欄位。

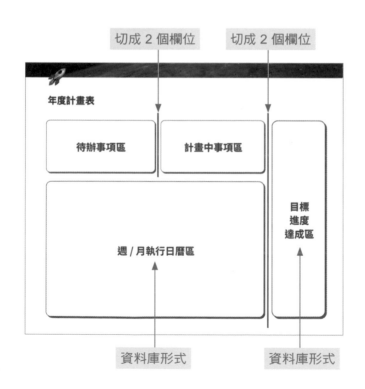

新增頁面欄位

1 透過「/」叫出功能
列表後選擇 2 個欄
位 (2 columns)。

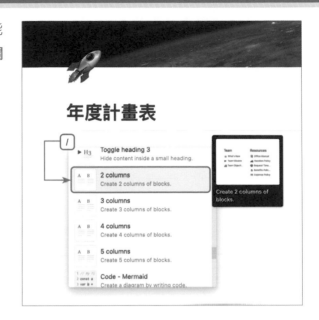

2 頁面會被分成 2 個欄位（如下方所示），被切分完的頁面在輸入文字
之前會是透明的，將游標點擊欄位後，就可以進行不同欄位的輸入，
所以如果需要切分更多區塊的話，可以選擇相對應的區塊數，目前最
多可以切成五個欄位區塊。

新增與改變欄位配置

一開始我們新增了 2 個欄位且放上了相對應的標題與內容，大家應該都會有一個疑問，若後續要進行頁面欄位數量的變更時，要怎麼操作？

首先，可以先將每一個欄位視為一個「單元塊」，每一個單元塊都可以在頁面上直接用拖拉的方式，改變現有的配置。

只要將游標移到單元塊的最前方，就可以看到拖拉的圖示與提示文字，長按並直接拖拉後，就可以移動整個單元塊的內容。若目標位置可執行拖拉的動作時，會出現「藍色的插入欄位提示」，這時只要放掉游標，即可完成欄位的變更。

❶ 對著此標誌長按後移動

❷ 拖拉至左側，即會出現「藍色插入線」，此時只要放開點擊，即可完成插入

5-3 第三步：新增日曆資料庫

日曆的功能即為資料庫的視覺應用之一，接下來我們來學習日曆的實際應用。

1 在我們已經新增好的左方欄位中，透過「/」叫出功能列表後選擇**日曆 (Calendar view)**，並在資料庫來源的選項中點擊**新增資料庫 (+ New database)**，這個原因是因為我們沒有內建好的資料庫可以直接套用進來，若你已經有既有的資料庫內容的話，也可以直接選擇帶入原本已經編輯好的內容。

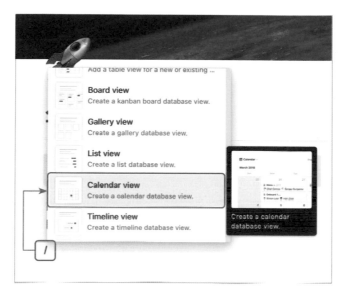

2 新增日曆後，可以透過右上角的「…」設定日曆的顯示內容，也可以針對日曆設定成顯示「周日曆」或是「月日曆」。

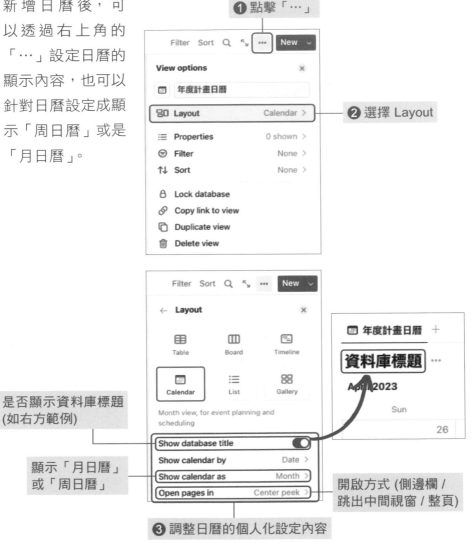

❶ 點擊「…」

❷ 選擇 Layout

是否顯示資料庫標題 (如右方範例)

顯示「月日曆」或「周日曆」

開啟方式 (側邊欄 / 跳出中間視窗 / 整頁)

❸ 調整日曆的個人化設定內容

3 針對日曆格式部分就完成了！再來就是建置內容的部分，我們可以透過在基礎篇學到的「設定資料庫欄位屬性」開始新增內容，參考接下來的「新增日曆內容」。

新增日曆內容

1 點擊日曆上其中一天的日期框框的左上角，就可以新增內容。例如：可以加上年度計畫目標的「項目類別標籤」與「項目進度」等，把你需要的資訊都透過欄位屬性的方式新增上去。

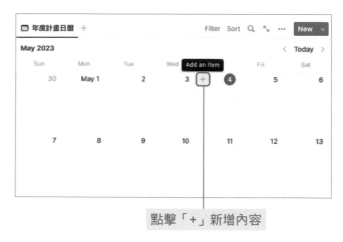

點擊「＋」新增內容

2 日曆會有幾個常用的屬性，例如：日期、項目分類、進度、核取方塊等，可以依照自己的需求在屬性中加入對應的功能。

❶ 新增內容的標題　　❷ 新增「日期 (Date)」的屬性

規劃玉山行程

▢ Date　　　　　　May 4, 2023

≣ 年度計畫大項目　　🏔 爬 2 座百岳

❹ 新增「進度 (Status)」的屬性

❈ Status　　　　　● Not started

＋ Add a property

❸ 新增「單 / 多選標籤 (Select/Multi select)」的屬性

😊 Add a comment...

Press Enter to continue with an empty page, or create a template

這裡是提供自己或其他人留言的區塊，在輸入 ❺ 之前需要先避開此區塊（討論板形式）

❺ 可以把詳細的內容或備註，寫在下方的空白頁

日曆的資訊顯示

　　日曆模式也可以針對「屬性」調整可視範圍，意即可以在日曆上只顯示想要看到的內容，其他細節可以透過點擊進每一個項目中查看，這個目的是要讓畫面減少雜訊，並看起來更簡潔易懂。

如下圖所示，日曆僅顯示了「年度計畫大項目」和「進度」，至於「日期」已經被我們隱藏起來了，所以在日曆上就不會在卡片上再次出現重複的日期資訊。

Tip 在日曆上直接「調整項目日期」 與「調整項目日期進行的區間」

若新增完項目後，後續想要修改單一項目的日期或區間，我們可以直接在日曆上，透過不進到每一個項目內頁的情況下，調整每一個項目的日期。

▼接下頁

- 移動日期

  若是想要進行「整個事項」的日期調整，可以直接長按項目後，拖拉到目標日期的框格內，即可完成日期的修改。

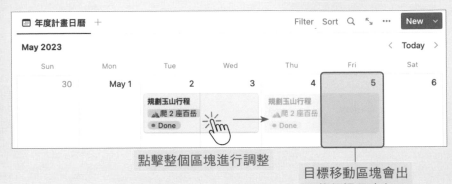

  點擊整個區塊進行調整

  目標移動區塊會出現藍色提示底色

- 調整日期的區間

  透過將游標移到項目方塊邊緣，再用拖拉的方式，直接調整項目的日期區間，如此一來，就不用點進去每一個項目重新設定起迄日期。

  點擊邊界進行調整

5-4 第四步：新增額外的區塊欄位標題與待辦事項

新增額外的欄位區塊

在我們規劃好的版面下，我們還需要在日曆的上方增加兩個「待辦事項區塊」與「計畫中事項區塊」，所以我們先在版面上調整配置。

1 先在建立好的日曆下方打上我們要放的文字標題後，拖拉至日曆上方的欄位。

2 接著點選文字旁邊的功能按鈕，選擇**轉換成 (Turn into)** 後再點選 **2 個欄位 (2 columns)**。

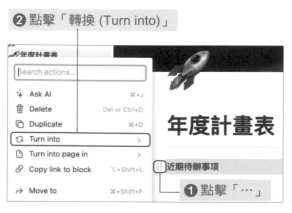

❷ 點擊「轉換 (Turn into)」

❶ 點擊「...」

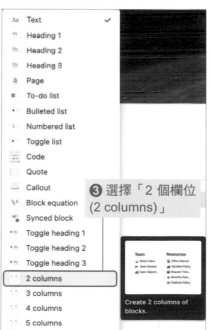

❸ 選擇「2 個欄位 (2 columns)」

3 整體版面就變成了
日曆上方多了兩塊
新的區塊，如右示
意圖。

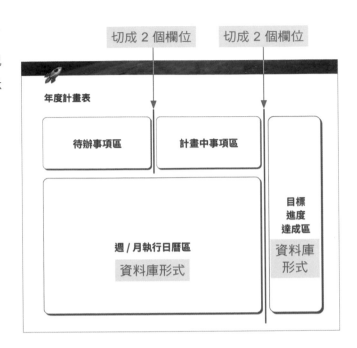

接著，我們可以開始新增「待辦事項區」、「計畫中事項區」的標題與內
容，欄位標題我們可以利用兩個文字功能製作：

- **強調（Callout）**：可
  以凸顯區塊與標題。

  ☑ **近期待辦事項**

- **引用（Quote）**：偏
  向極簡風，適合喜
  歡畫面簡潔的人。

  ☑ **近期待辦事項**

1 透過「/」選擇 **強調（Callout）功能** 後，點擊前方 emoji 可以更換成其他圖示。目前支援三種圖示：表情符號、圖示 icon、自行上傳圖片。

❶ 輸入「/」選擇「強調（Callout）」功能

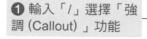

❷ 點擊「表情符號」

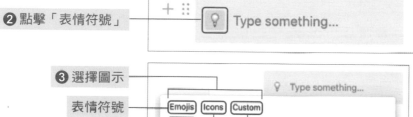

❸ 選擇圖示

表情符號

圖示 icon

自行上傳圖片

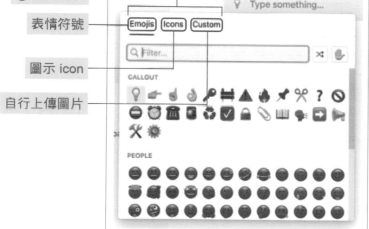

當我們選擇完「表情符號」和打上「文字」後的標題會呈現如右方：

☑ **近期待辦事項**

2 透過「/」選擇**引用 (Quote)** 功能，但是此文字形式的 emoji 非預設功能，需要自行輸入。

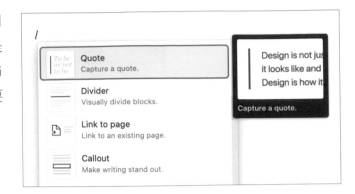

當我們選擇完「表情符號」和打上「文字」後的標題會呈現如右方：

☑ 近期待辦事項

新增待辦事項功能區 — 核取方塊

新增完標題後，我們開始要放上待辦事項的核取方塊。

1 輸入「/」後選擇**待辦事項 (To-do list)**。

2 輸入待辦事項後會呈現如右方，若是完成勾選後，就會呈現第二行的樣式。

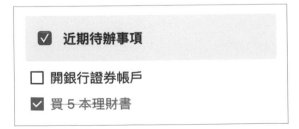

讓我們看一下兩種標題加上核取方塊之後的差異，可以選擇相對比較喜歡的標題實做看看！

強調（Callout）標題　　引用（Quote）標題

Tip 引用標題：加上底色與分隔線的應用

若我們使用「引用（Quote）」功能當標題，常常會覺得文字間隔太近，這時候我們可以利用「文字底色」和「分隔線」功能，創造出標題感，如下方圖示：

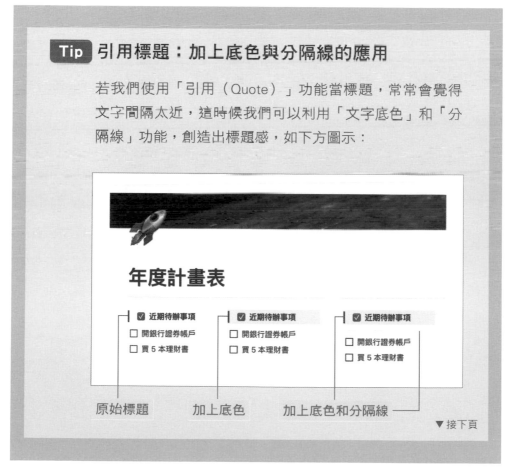

原始標題　　　加上底色　　　加上底色和分隔線

▼接下頁

✦ 「加上底色」操作方式說明

透過這樣，就可以製作出
更凸顯文字的標題：

▎☑ 近期代辦事項

▼接下頁

✦ 「加上底色與分隔線」操作方式說明

只要將剛才已經製作好的標題再加上分隔線，就可以讓標題與內文再有更多的區隔空間。我們可以這樣操作，在標題下方新增「分隔線 (Divider)」。

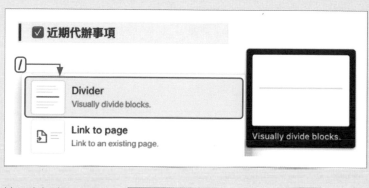

就可以利用分隔線創造更多區隔空間！

第五步：新增年度目標進度條功能

進入到最後一個區塊「目標進度達成區」，此區塊會使用到「陳列 (Gallery) 資料庫」來呈現目前年度目標的進度達成狀況。

資料庫編輯技巧

我們已經知道最終是要以「陳列 (Gallery) 資料庫」來作為視覺化追蹤，但是在一開始編輯與新增大量內容的時候，通常先使用「列表 (Table) 資料庫」來做編輯會相對方便許多。所以一般在新增資料庫的時候，常常會先以列表資料庫開始，再將同樣的資料庫依需求轉換成不同的資料庫視覺，往下我們來實做一次。

1 新增**列表 (Table) 資料庫**，並加上年度目標內容。

2 可以選擇「現有的資料庫」或是「建立新的資料庫」。

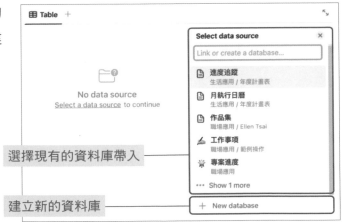

選擇現有的資料庫帶入

建立新的資料庫

3 接著新增年度目標項目，項目前
方加上表情符號可以讓整體更有
個人風格。

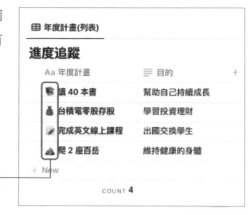

每個項目可以
加上表情符號

新增進度條

針對進度條有兩種設定與呈現方式：

1 Notion 系統預設的「橫條圖」與「圓餅圖」：

此方式較為簡單，只要輸入數字
資料即可自動同步產出進度條。

2 使用「公式」功能帶入自己想要的形式與設定：

此方式為進階使用，需要有較高的 Excel 寫公式
能力或是寫程式的能力，才比較能夠理解與自行
撰寫。但是自從 Notion 更新了 AI 的功能之後，
開始讓不會寫程式的大家也有機會透過「公式」
的功能，創造出更多不同的應用。

接下來我們來看兩者的設定方式：

📖 Notion 系統預設進度條

1 在欄位中點選「+」新增**數字 (Numbers)** 屬性的欄位。

2 點擊欄位名字可以「更改名稱」和編輯進度條欄位的「細節資訊」。

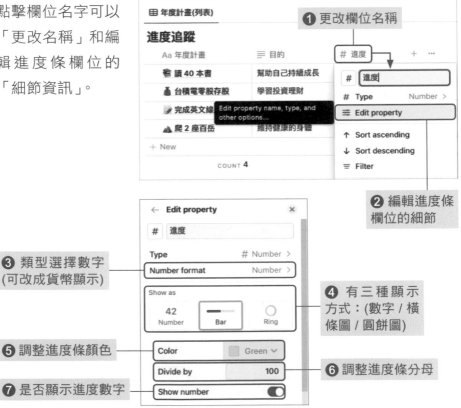

❶ 更改欄位名稱

❷ 編輯進度條欄位的細節

❸ 類型選擇數字（可改成貨幣顯示）

❹ 有三種顯示方式：(數字 / 橫條圖 / 圓餅圖)

❺ 調整進度條顏色

❻ 調整進度條分母

❼ 是否顯示進度數字

3 嘗試實際輸入數字，會呈現「進度數字 / 100」的橫條圖形式，這是因為我們在步驟 **2** 的時候，將「除以 (Divide by)」這裡的值設定為 100 的關係，所以欄位的分母可以依據自己的「最終目標數字」來做設定。

> **Tip** 但是系統預設可以直接選擇的進度條，目前有一個比較不彈性的設定：分母只能設成統一的分母，所以當每項內容的分母不同時，就會比較難計算。

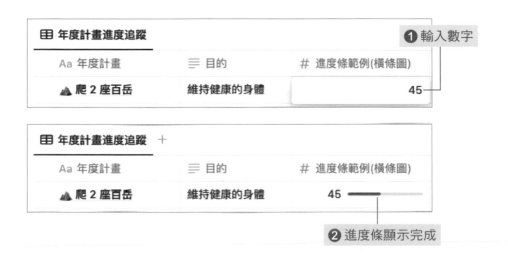

⊞ 年度計畫進度追蹤　　　　　　　　　　　**❶ 輸入數字**

Aa 年度計畫	≡ 目的	# 進度條範例(橫條圖)
🏔 爬 2 座百岳	維持健康的身體	45

⊞ 年度計畫進度追蹤 ＋

Aa 年度計畫	≡ 目的	# 進度條範例(橫條圖)
🏔 爬 2 座百岳	維持健康的身體	45 ▬▬

❷ 進度條顯示完成

4 實際「橫條圖」與「圓餅圖」顯示與應用如下。

進度追蹤

Aa 年度計畫	≡ 目的	# 進度條範例(橫條圖)	# 進度條範例(圓餅圖)
📖 讀 40 本書	幫助自己持續成長	65 ▬▬	65 ◗
💰 台積電零股存股	學習投資理財	43 ▬	43 ◗
📝 完成英文線上課程	出國交換學生	22 ▬	22 ◖
🏔 爬 2 座百岳	維持健康的身體	20 ▪	20 ◯

📖 公式進度條

1 在欄位中點選「+」新增二個「達成數」與「總數」的**數字 (Numbers)** 屬性欄位，這些欄位名稱與屬性的設定非常重要，因為名稱和屬性設定都會成為接下來公式設定的關鍵讀取欄位。

以右方的相同步驟重複操作，就可以完成另一個「總數」的欄位，記得欄位名稱一定要更換成「總數」。

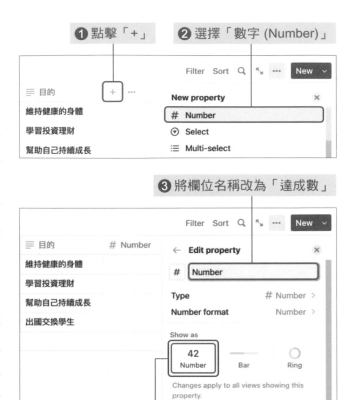

2 新增**公式 (Formula)** 的屬性欄位。

3 完成後會如下方所
示,「達成數」與
「總數」分別可以
填入數字,並顯示
數字的樣式,即完
成了關鍵欄位,接
下來我們要帶入公
式的程式碼。

進度追蹤

Aa 年度計畫	☰ 目的	# 達成數	# 總數	Σ 進度條(公式)
📖 讀 40 本書	幫助自己持續成長	14	40	
📊 台積電零股存股	學習投資理財	254	1000	
📄 完成英文線上課程	出國交換學生	2	20	
⛰ 爬 2 座百岳	維持健康的身體	1	2	

4 接著在灰色底色的
公式區塊內,放進
右方框框內的全部
公式。

```
(((substring("██████████", 0,
(prop("達成數") / prop("總數")) * 10) +
substring("", 0, ((1 - (prop("達成數") /
prop("總數"))) * 10) + 0.9999)) + "  ")
+ format(round((prop("達成數") / prop("總
數")) * 100))) + "%"
```

掃描 QRcode 複製公式

❶ 點擊欄位,會跳出下方公式輸入欄

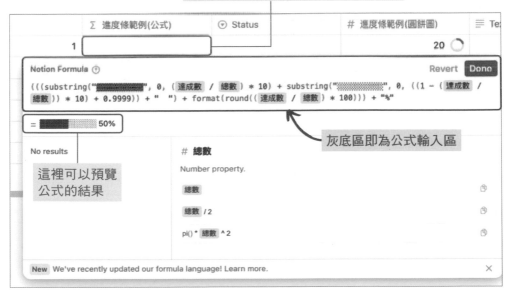

這裡可以預覽
公式的結果

灰底區即為公式輸入區

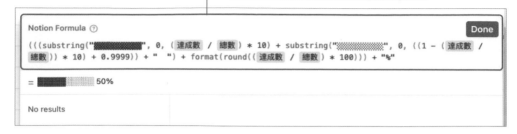

❷ 將上頁黃框內的公式貼入灰底區塊，並按下「完成 (Done)」

5 細看公式的內容，裡面帶入了我們設定好的欄位名稱，**所以如果你有針對欄位另外命名，後續帶入公式時，也要進到公式的內部去更改讀取的欄位名稱。**

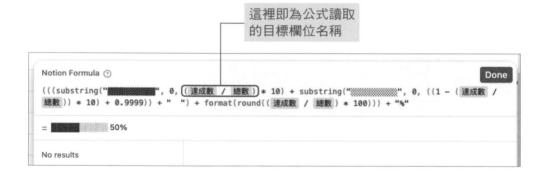

這裡即為公式讀取的目標欄位名稱

6 公式完成後，就會自動帶入前方的「達成數」與「總數」的計算，並變成進度條。這種自定義設定公式條的方式有其優點，在各項目分母皆不相同的時候，即可利用這樣的方式讓公式自行計算百分比。

⊞ 年度計畫　88 年度計畫進度追蹤				
進度追蹤				進度條顯示完成
Aa 年度計畫	≡ 目的	# 達成數	# 總數	Σ 進度條範例(公式)
🐌 讀 40 本書	幫助自己持續成長	14	40	▓▓░░░░░░ 35%
🍶 台積電零股存股	學習投資理財	254	1000	▓▓░░░░░░ 25%
📝 完成英文線上課程	出國交換學生	2	20	▓░░░░░░░ 10%
⛰ 爬 2 座百岳	維持健康的身體	1	2	▓▓▓▓░░░░ 50%

7 接著把編輯好的列表資料庫，拖拉到最右側之前已經預留好的頁面欄位。

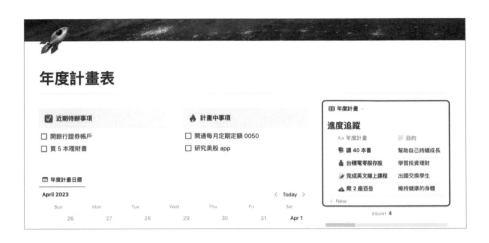

8 將「列表資料庫」調整顯示方式改為**陳列 (Gallery) 資料庫**，並調整相關資料庫的顯示設定。

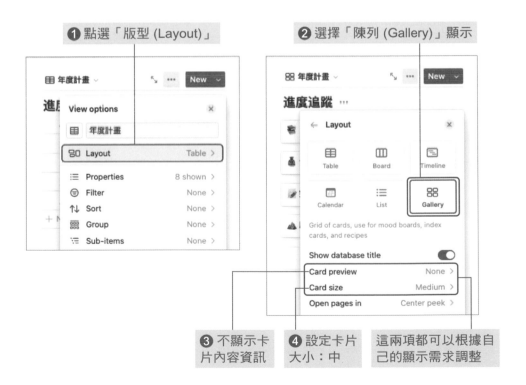

❶ 點選「版型 (Layout)」

❷ 選擇「陳列 (Gallery)」顯示

❸ 不顯示卡片內容資訊

❹ 設定卡片大小：中

這兩項都可以根據自己的顯示需求調整

9 將想要顯示的卡片資訊在屬性 (Propreties) 中打開。

三種不同的進度條顯示與比較：

公式　　　　　　　橫條圖　　　　　　　圓餅圖

5-6 第六步：大功告成，開始追蹤！

設定目標

實際在日常中的應用方式，首先要先明確寫下「可量化的目標」，讓你的項目明確、可量化追蹤是達成計畫的關鍵！

透過進度條追蹤的目的就是要讓目標量化，所以如果你無法量化你的目標，就表示你對於如何達成目標中間的路徑，還不是很清楚，可以再多思考一下，什麼樣的「關鍵行為」累積會幫助你完成該項目標，舉個例子來說：

● 計畫是「考到機車駕照」：量化方式可以是「練習時數達 14 個小時」

● 計畫是「托福破百」：量化方式可以是「完成歷史題庫 50 份」

設定完量化方式之後，就可以開始實踐了！當你開始實行後，你會發現中間路徑與一開始評估的可能有落差，你可以隨時修正，保持彈性面對目標的測量方式，找到適合自己且容易開始的方式，才能夠讓你的「年度計畫表」發揮最大效益！

日常追蹤

設定完目標後，日常則可以透過右側進度表來追蹤截至今天為止的年度目標進度，針對各項目往下規劃明確的行動方案，例如：可以把「近期與計畫中的事項」先行在相對應的區塊中筆記起來，進而幫助自己再往下規劃明確的執行日期。

將腦中的想法實際寫出來，有助於自己梳理腦中複雜的資訊，也能夠讓自己看清楚達成目標的路上，還需要多少的努力。

Tip 利用 SMART 原則制定目標

SMART 原則是目標與任務訂定的邏輯之一，可以確保目標具有明確性、可衡量性、可達成性、相關性和時間性。

- **具體性**（Specific）：目標要具體明確，清楚指出要達成的結果，明確定義目標內容，避免模糊或籠統的陳述。

- **可衡量性**（Measurable）：目標要可以量化，以便能夠評估進展和達成程度，使用明確的指標，使目標的完成度可以被觀察和評估。

- **可達成性**（Achievable）：目標要是可能實驗的，具有可行性和可實現性，必須考慮到可用的資源、時間和能力，確保目標是合理可行的。

- **相關性**（Relevant）：目標要與整體和策略相關聯，對於個人的發展和成功有實質性的貢獻，確保目標與最後的終點保持一致。

- **時間性**（Time-bound）：目標要設定明確的時間框架或截止日期，以確保有良好的時間管理和執行，寫下起始時間和完成時間，將目標限定在一個具體的時間範圍內，以這次年度計畫表為例，時間範圍就會明確定義為「一年」。

使用 SMART 原則，可以幫助確保訂定目標的品質，進而提高目標的管理效率，幫助梳理出行動方案和追蹤成果，確保持續進步和創造成就。

年度計畫表完成示意圖

MEMO

生活紀錄與應用 (進階篇)

第 **6** 章

卡片盒筆記法

Goal 將學習到的 Notion 技巧

- 卡片盒筆記法在 Noiton 中的應用
- 資料庫頁籤與過濾器
- 利用手機小工具快速儲存網路資訊

本章節所使用的 Notion 模板連結[註1]：

在前面章節，我們學到了如何運用 Notion 記錄日常與追蹤目標，接著我們會將 Notion 加入「卡片盒筆記法」的概念，打造一個擁有強大邏輯的筆記系統。

最終我們會製作完成下方的筆記資料庫：

註1 本書提供之範例模板使用方式可以參考「附錄 A：Notion 範例模板使用方式說明」。

什麼是卡片盒筆記法

我們最早從小學開始，老師就會要求我們把額外補充的重點在課本上做成筆記，但是在開始大量做筆記之前，卻沒有人先教我們如何「做好筆記」。

做筆記是一門大學問，許多時候會發現當我們記錄下來的內容越來越多，偶然需要尋找特定資訊的情況時，卻越難找到自己要用的筆記。若無法有效地將資訊進行分類，長久累積下來會變得難以分辨資訊的重要程度與關聯性，這就是日常有在記錄筆記卻長久以來無法幫助我們內化資訊的實際案例。

上述的情境是之所以會需要加入筆記法的概念，來幫助我們更有效率的將資訊進行系統化分類，才能夠持續地讓資料彼此產生連結與創造複利的效果。

理想中一個可以幫助你將「資訊」變成「知識」的筆記系統，最終要成為你的「第二個大腦」，為何是第二個大腦，可以總結為下方兩個主要原因：

1 創造安全感

現代因網路資訊量大且傳遞快速，我們很常會有知識焦慮症，希望可以隨時記下資訊，所以在資訊量爆炸下，你需要有一個避風港，可以將你需要先儲存下來的資訊先暫時存放在一個你熟悉且容易隨時再次查看的地方。

2 提高大腦彈性度

試著將佔據你大腦但是當下卻無較大幫助與產值的資訊先釋放出來，你的大腦就可以有更多的空間去創造更大的效益，因為後續強大的筆記軟體可以幫助你再快速回到最佳思考狀態。

我們一開始要先了解「卡片盒筆記法」的主要概念：

> ### Tip 卡片盒筆記法
>
> 筆記系統的一種，概念像是以前的單字卡，每張卡片上面記錄著一個想法，再將類似主題的想法卡片歸類在同一個盒子內，各式各樣的主題盒子累積起來就變成屬於自己的知識藏寶盒。
>
> 每一個盒子裡會裝著彼此相關聯的資訊，讓資訊逐漸累積慢慢變成知識，進而讓彼此產生連結達到「知識的複利效果」。

卡片盒筆記法之所以有機會創造更大可能性的原因是，過往在學校學習時，知識大多都已經被分類好，導致我們在一個隱形的框架下思考，而卡片盒筆記法的概念是，透過將資訊彼此連結，讓資訊彼此產生複利效果，創造出更多連結幫助大腦記憶，以及更進一步發現更多可能性。

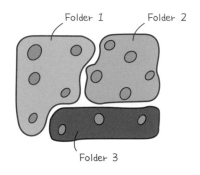

傳統學習思維

知識已被整理好

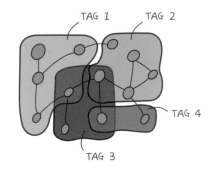

卡片盒筆記思維

知識互相產生連結

卡片盒筆記法的心法

卡片盒筆記法中，有三種筆記的類型，依序層層遞進，若確實且有效的依據筆記類型區分與結合資訊，可以幫助資訊有系統地被記錄下來，且隨時查找相關的資訊時，容易更快速的完成記錄與思考。

● **靈感筆記**（第一層）

目的是為了快速記錄下想法而存在的筆記類型，記錄之後 1-2 天內就需要盡快回頭檢視，後續把這些筆記歸類到第二層類似主題的筆記群中。

例如：手機滑到一篇文章在説關於「洗澡可以幫助大腦放空」，我就可以隨手將這個資訊記錄下來「洗澡可以幫助大腦放空」。

● **文獻筆記**（第二層）

此類型的筆記是指將接收到的資訊「用自己理解後的語言」記錄下來，盡量簡短並標註來源，即使過了一陣子，你也要能夠快速了解自己所記錄下的內容為主。

所以，第一層的靈感筆記如果要進入第二層時，需要加入自己更多的理解後闡述資訊，才是第二層文獻筆記設計的用意。

例如：我觀察到上次隨手記錄的「洗澡可以幫助大腦放空」與之前的一篇文獻筆記談論的內容類似，「靈感產生的來源與大腦是否確實放空有關」，所以就先將這段隨手記錄的筆記歸類進去，所以就產生了「洗澡可以幫助大腦放空」+「靈感產生的來源與大腦是否確實放空有關」兩個資訊點的連結，這樣的連結可以幫助我們進一步去思考「我自己靈感產生最多的時刻，是否跟洗澡有關，因為此時的大腦正在全然的放鬆？」。

● 永久筆記（第三層）

整合數個知識筆記結合起來的知識庫，無論過多久都還是可以理解的筆記，內容是你經過層層提煉過後，值得放進來的知識與資訊，也是你最終的藏寶庫！[註2]

 例如：透過整理多個「文獻筆記」後，可以有一個針對「靈感」的永久筆記，得出自己可以往下嘗試的幾個尋找靈感的方式：

● 閱讀書籍或文章

● 觀看電影或電視節目

● 與他人交流

● 探索新的地方或體驗新事物

● 參加活動或課程

靈感可以來自任何地方，所以保持開放心態、適時地讓大腦放鬆（例如：洗澡時），加上平時保持好奇心等，都是非常重要與關鍵的因素。

透過上方的舉例，可以知道當我們近期學習或工作上又突然沒有靈感的時候，透過隨時翻閱之前已經記錄過關於「靈感主題」的「永久筆記」，藉此幫助自己快速喚醒這些記憶，並將這些知識持續內化，展現在日常的生活當中。

總結一下卡片盒筆記的應用概念，意即當我們看到一個特定的資訊並且想要記錄的過程中，可以先針對目前對於資訊的理解先做第一層分類，後續我們將資訊展開後，就可以清楚看到資訊彼此本身的關聯性，並且思考彼此原本沒有連結的資訊，兩者是否也有更多的連結與可能性的產生。

註2 若想知道更多的細節，可以參考《卡片盒筆記》，書中針對此筆記法有非常詳盡的解說。

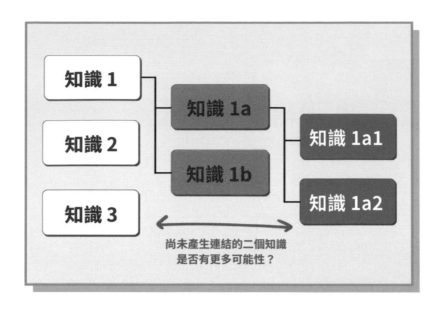

　　了解卡片盒筆記法的核心概念後，我們開始要利用 Notion 來製作這一套筆記系統。

6-1 第一步：建立一個陳列資料庫

建立陳列資料庫

在 Notion 眾多資料庫選擇中，選擇**陳列資料庫**（Gallery view）的原因是因為，陳列資料庫可以讓資訊變成一張張小卡，呈現起來就會很像一張張單字卡的概念，可以幫助我們縱覽資訊。

選擇單選標籤並編輯屬性

先建立能夠將資訊進行分類的屬性標籤，分別是上方提到的「靈感筆記」、「文獻筆記」、「永久筆記」，名稱也可以更改成自己更直覺好記的名字，只要把相對應的邏輯在腦中先設定好即可。例如名稱可以改成：靈感筆記、知識筆記、主題筆記等，幫助自己更容易執行卡片盒筆記法。

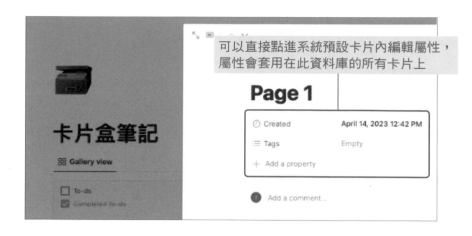

可以直接點進系統預設卡片內編輯屬性，
屬性會套用在此資料庫的所有卡片上

接著有別於以往，我們可以直接在「預設的卡片頁面」內進行「屬性」的編輯，編輯的內容會統一套用在所有的資料庫卡片上。右圖示範建立資料類型的標籤。

根據這些步驟可以完整的建立新的標籤，以此方式把剩下的「知識筆記」、「主題筆記」的標籤也一起完成！

> **Tip** 此處的燈泡 emoji 直接使用電腦的表情符號輸入即可。iOS 系統有快捷鍵，Windows 系統則是先複製表情符號再貼上。

❶ 新增屬性

❷ 選擇「單選標籤 (Select)」

❸ 名稱改為「筆記類型」

❹ 新增標籤

❺ 點擊「建立 (Create)」

6-2 第二步：新增資料庫頁籤

接著我們要製作三個「卡片盒」，分別是「靈感筆記」、「知識筆記」、「主題筆記」。透過 Notion 的「資料庫頁籤」功能，可以將卡片盒的三個筆記，透過剛才建立好的「屬性標籤」＋「資料庫頁籤」來實踐，目的是希望單一頁面只要顯示特定的筆記分類。

① 點擊「＋」新增資料庫

❷ 將資料庫名稱輸入「靈感筆記」

❸ 選擇「陳列資料庫 (Gallery)」

❹ 關閉資料庫標題 (可以讓畫面更簡潔)

　　接著重複此步驟二次，製作出「知識筆記」、「主題筆記」，完成後的資料庫如下方，此處的頁籤名稱也可以加上表情符號，讓整體頁面更有自己的風格。

在第二步建立好的三個筆記資料庫，一開始每個頁籤預設會包含所有的筆記卡片，我們可以透過將每個頁籤的資料庫加上「過濾器」，讓每一頁的頁籤只會顯示「特定指定項目」的內容。

「特定指定項目」會透過已經建立好的屬性標籤來篩選，意即如果你有特殊項目的類別想要作為過濾器的分類，就可以在一開始的時候先把這項屬性建立起來，作為日後篩選的依據。

1 首先點選右上角的**過濾器 (Filter)**，針對三個剛剛新增的資料庫，選擇篩選對應的三個標籤種類。

右圖步驟 ❸ 的篩選項目，即為「第二步：新增資料庫頁籤」時所建立的「單選標籤」欄位。

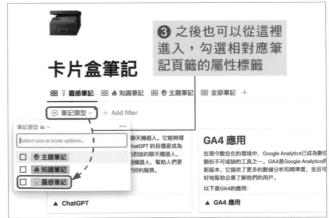

2 編輯完成的頁面會如下所示，每一個標籤頁就可以只顯示對應分類的筆記內容：

- 靈感筆記：

- 知識筆記

- 主題筆記

　　以此類推，你也可以嘗試新增更多屬性的標籤，並針對主題式的標籤做不同的顯示方式，就能將資訊有系統地收納起來，日後也會比較容易查找。

有了明確的筆記分層頁面後，接下來我們就可以根據資訊的屬性，在對應的筆記類型中開始建立內容，並在心中依循著此筆記系統的邏輯：

1 當隨手記錄下來的「靈感筆記」可以與第二層的「知識筆記」結合時，就將資料整合進到「知識筆記」的相對應主題中，並試圖將靈感筆記的內容與過往的知識筆記內容找到彼此的連結。

2 當「知識筆記」已具邏輯脈絡時，就可以將之整合進去「主題筆記」中，之後要重新查找特定主題的知識時，即可快速透過已經整理好的主題，重新思考特定議題，並發現更多知識彼此之間連結的可能性。

🔲 💡 **靈感筆記**

🔲 🔥 **知識筆記**

🔲 🔮 **主題筆記**

應用此筆記系統，可以將資訊非常系統化地儲存在 Notion 中，幫助自己在資訊爆炸的生活中，掌握複雜且多樣的資訊內容並有效進行思考與吸收，讓資訊整理成知識再永久內化成智慧。

Tip 手機一鍵傳送「靈感筆記」
到卡片盒筆記中

此範例僅
iOS 手機適用

提到筆記的記錄，以目前大家的生活型態，大多時間還是使用電腦加上手機居多，我們在手機上看到想記錄下來的資訊時，常常無法隨手記錄，下一秒就忘記剛才想要記下的資訊內容，又或者傳送到特定的聊天視窗中暫時記錄，但再也沒有回去看過。

▼接下頁

Notion 在 iOS 系統中，有一個方式可以將手機上瀏覽到的
特定網頁資訊，傳送到指定的 Notion 頁面中，你可以嘗試
這樣做：

1 看到想要儲存的特
定頁面，點擊瀏
覽器中的「分享」
功能，就可以選擇
Notion 的 icon、編輯
標題、指定儲存的
目的地的頁面。

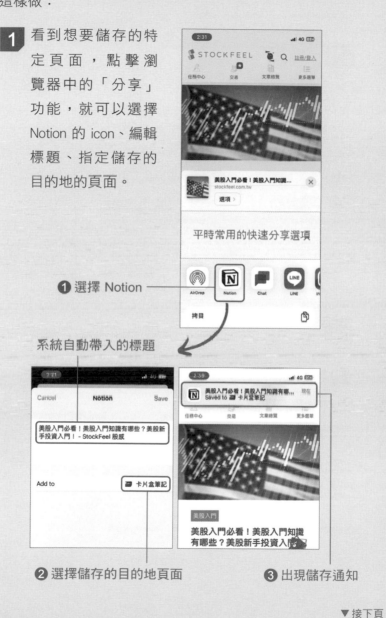

● 選擇 Notion

系統自動帶入的標題

❷ 選擇儲存的目的地頁面　　　❸ 出現儲存通知

▼接下頁

2 儲存到 Notion 的目的地頁面後，會出現在筆記頁面下方，只要再拖拉進去資料庫的欄位裡，就可以完成資料的儲存。

卡片盒筆記

88 ♀ 靈感筆記　88 🔥 知識筆記　88 🌐 主題筆記　1 more...

聯準會3月升息後利率區間已拉至4.75%到5%，會議紀要顯示3月時與會的18名官員都支持升息。隨後發布的最新經濟預測也顯示，近乎所有聯準會官員也都預期今年還會再升息一次，之後才會打住升息腳步維持利率穩定，但前提是今年經濟不能過熱且勞動市場需求降溫。 ▲ 財經新聞重點摘錄	• Chasing angels or fleeing demons, go to the mountains. • 在山裡面，可以獲得一種人世間難以企及的美好事物，高度與大自然劇烈的變化程度，帶給你超越俗世的感受。 • 受苦而上山，山下有一個更苦的是等待著你。藉由高度的遞升，逃離那個你沒有辦法 ⛰ 登山社會學　　　　　　　　+ New

📄 美股入門｜美股新手必看！股感帶你買進第一檔美股！- StockFeel 股感

❶ 將此頁面用拖拉的方式加入資料庫中

卡片盒筆記

88 ♀ 靈感筆記　88 🔥 知識筆記　88 🌐 主題筆記　1 more...

聯準會3月升息後利率區間已拉至4.75%到5%，會議紀要顯示3月時與會的18名官員都支持升息。隨後發布的最新經濟預測也顯示，近乎所有聯準會官員也都預期今年還會再升息一次，之後才會打住升息腳步維持利率穩定，但前提是今年經濟不能過熱且勞動市場需求降溫。 ▲ 財經新聞重點摘錄	• Chasing angels or fleeing demons, go to the mountains. • 在山裡面，可以獲得一種人世間難以企及的美好事物，高度與大自然劇烈的變化程度，帶給你超越俗世的感受。 • 受苦而上山，山下有一個更苦的是等待著你。藉由高度的遞升，逃離那個你沒有辦法 ⛰ 登山社會學	📄 美股入門｜美股新手必看！股感帶你買進

📄 美股入門｜美股新手必看！股感帶你買進第一檔美股！- StockFeel 股感

❷ 將頁面插入時，會出現藍色插入輔助線

▼ 接下頁

完成後，會如下方所示，頁面會直接變成資料庫的卡
片之一：

卡片盒筆記

▯ ♡ 靈感筆記　▯ ✎ 知識筆記　▯ ⚫ 主題筆記　1 more...

聯準會3月升息後利率區間已拉至4.75%到5%，
會議紀要顯示3月時與會的18名官員都支持升
息。隨後發布的最新經濟預測也顯示，近乎所有
聯準會官員也都預期今年還會再升息一次，之後
才會打住升息都步維持利率穩定。但前提是今年
經濟不能過熱且另動市場需求降溫。

▲ 財經新聞重點摘錄

- Chasing angels or fleeing demons, go to the mountains.

- 在山裡面，可以獲得一種人世間難以企及的美好事物。高度與大自然劇烈的變化程度，帶給你超越俗世的感受。

- 受苦而上山，山下有一個更苦的是等待著你。藉由高度的遞升，遠離那個你沒有辦法

🧗 登山社會學

國家	總市值	總GDP市值	以息	利
美國	48,196,618	43,549,730	40.63%	58.38%
中國(註1)	13,444,006	2,919,003	11.31%	3.78%
歐洲交易所(註2)	7,027,046	3,796,623	5.91%	5.08%
日本	6,932,970	5,070,170	5.83%	6.80%
香港(註3)	5,674,985	613,853	4.77%	0.82%

📄 美股入門 | 美股新手必看！股感帶你買進第一檔美股！ - StockFeel 股感

3 若是你的分享選項裡沒有出現 Notion，你可以這樣進
行設定：

② 點選「編輯」

平時常用的快速分享選項

① 選擇「更多」

▼ 接下頁

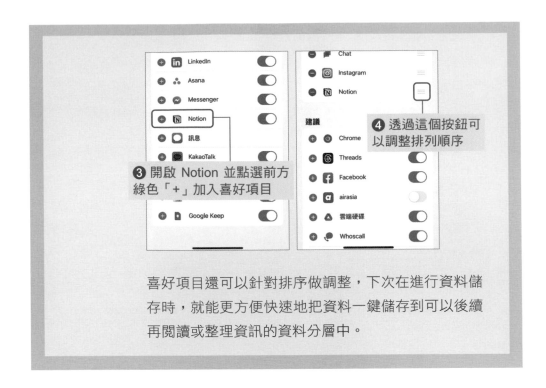

喜好項目還可以針對排序做調整，下次在進行資料儲存時，就能更方便快速地把資料一鍵儲存到可以後續再閱讀或整理資訊的資料分層中。

📖 大功告成！

利用此概念，就可以先初步建立你的筆記系統邏輯，當資料量越來越多時，你就可以發現資訊彼此連結後產生的效益，會遠超出你的想像。

第 **7** 章

Notion 的職場
應用心法

除了在日常生活上的紀錄可以幫助自己更能掌握生活的樣貌與狀態外，職場上若能結合 Notion，將履歷數位化或是進行專案管理，將有助於讓資訊處理起來更有邏輯與脈絡，隨之而來的工作效率也將大幅提升。

經過了幾年在職場上使用 Notion 的經驗，簡單收斂出以下三個為何 Notion 可以提高工作效率的關鍵因素：

1 工作面板數位化，加速資訊整理與取得效率：

過往將每周待辦事項記錄在行事曆本上，比較無法掌握各項進度的動態，透過在 Notion 上處理工作待辦事項與記錄專案資訊，可以一目瞭然地知道各項工作的進程，也能快速梳理出事情的優先順序。

2 建立個人工作檔案百科全書：

平時在工作上遇到需要記錄的內容或學習到的資訊，都可以將資訊收納在個人的工作檔案中，持續建立後，累積起來就會成為自己在專業領域的百科全書。

3 各式各樣的資料庫版面應用，集合眾多 app 功能於一身：

在工作情境上，我們常需要用非常多的視角來檢視工作的項目，Notion 可以利用不同資料庫視角的瀏覽功能，幫助我們大幅增加我們處理工作與資訊的效率，例如：Notion 可以在日曆模式與甘特圖模式中互相切換，針對不同瀏覽視角所執行的操作也會同步在所有的資料庫中。

實際情境上的應用，可以試想如下，當需要同步專案進度狀態給客戶的時候，可以切換到日曆視角，比較方便解說關鍵目標日期，但是在追蹤細節專案進度的時候，可以切換到甘特圖，與內部團隊對焦每一項工作子項目是否都在預期進度上，這些應用情境，將在後續的應用中帶著大家一起完成實作。

接下來會介紹幾種 Notion 在職場上的從 0 到 1 的實作與建立看板的方式，包括個人化數位履歷、工作管理系統、GTD 時間管理系統的應用，學會了核心的概念後，就可以自己延伸出非常多的版面與應用在不同的工作情境中。

進到新的「職場應用篇」之前，在本書第二章節的「Notion 新手基本功 / 基本功：介面介紹」中有提到，Notion 可以有多個「工作區」，意即我們可以將「生活」與「工作」上記錄的內容，利用內建的工作區功能完全切分開來，此方式可以讓兩種紀錄的資訊清楚區分，不會交互混雜在一起，也可以避免自己迷失在不同類型的 Notion 的看板中，如果實作到這邊，希望可以將職場內容建立在不同工作區的人，可以到第二章節的「Notion 新手基本功 / 基本功：介面介紹」中學習新增工作區的方式。

MEMO

職場應用 (基礎篇)

第 **8** 章

個人數位履歷

基礎篇應用：數位履歷與作品集應用

Goal 將學習到的 Notion 技巧

- 履歷表的圖片與文字的排版方式
- 嵌入檔案與連結的功能

本章節所使用的 Notion 模板連結[註1]：

　　基礎篇會先嘗試製作「個人化線上數位履歷」，數位履歷的優點是可以幫助你將不同類型的資料整合在同一個頁面上，例如：同時想要在履歷放上簡報檔案、作品連結、圖片等個人職涯累積，如果是用紙本或是 PDF 檔案，相對會比較難呈現與整合，且與面試者也較無法有更進一步的互動。

　　現在有許多人會將履歷製作成網頁的形式，讓整體更有一致性與個人風格，也能與時俱進持續更新資訊，如果網頁版的形式對你來說門檻有點高，透過 Notion 我們也可以做到一樣的方式來呈現高質感的履歷，最終再透過 Notion 的分享功能，就可以將履歷透過網頁的形式，讓閱讀履歷的對方透過瀏覽器直接瀏覽且與數位履歷互動，進而獲得更多關於個人的專業背景資訊，快速加深第一印象。

註1　本書提供之範例模板使用方式可以參考「附錄 A：Notion 範例模板使用方式說明」。

我們會從空白頁面開始，拆解成不同的區塊後教大家如何透過各項功能，做成下方個人化的數位履歷。履歷內容會涵蓋：個人資料、目前職涯概況、主要專業技能、學經歷、作品集、語言能力等，學會了如何從 0 開始製作履歷，就可以更了解如何活用各項功能，達到你想呈現的形式，這些區塊各自的功能應用與目的說明如下：

區塊	功能應用	目的
個人資料區與目前職涯狀況	新增封面 (Add cover) 新增個人照片 (Add image) 條列式標題 (Bulleted list) 引用 (Quote)	呈現個人履歷風格，並附上個人聯絡方式與職涯近況
主要專業技能	標題系列 (Heading) 分隔線 (Divider) 階層開關 (Toggle) 夾帶檔案 (File)	簡單總結個人專業技能，且附上專業技能相關之參考資料
工作學業經歷與社團經驗	標題系列 (Heading) 分隔線 (Divider) 條列式標題 (Bulleted list) 上傳圖片 (Image) 書籤 (Web bookmark)	具體且詳細地列出工作的成果與附上相關成果資料
作品集	陳列資料庫 (Gallery database)	放置更多作品成果等參考資料
軟體技能語言能力	標題系列 (Heading) 分隔線 (Divider) 引用 (Quote) 夾帶檔案 (File) 上傳圖片 (Image)	補充說明專業技能、語言的相對應熟練程度

Ellen Tsai

- Phone: 0912-345-678
- Email: 123@gmail.com
- 更新時間：@Today

在新創公司從事行銷工作的經驗，讓我快速累積了大量數據與市場分析的技能，並透過自學 SQL 與 Python，在行銷與資料分析領域中探索與學習，未來會希望持續投入在此領域，嘗試更多不同的作法與向此領域的前輩們學習。

主要專業技能

數據分析

對於數字理解能力強，可獨立透過 SQL 撈取數據並分析數字，產出有效驅動關鍵數字的行動方案。

▶ 信義區實體活動推廣分析

2023 信義區實體活動推廣.pptx 31.5KB

視覺化圖表製作

可以利用 Tableau 和 Python 製作視覺化圖表，讓大家更能夠透過視覺化的方式理解數據，並製作相關報告。

▶ 信義區實體活動互動人群樣貌分析

2023 信義區實體活動人群分析

使用者調查

喜歡與人接觸，並了解使用者感受，擅長設計問卷並透過「線上問卷調查」與「用戶焦點訪談」來了解產品或服務在市場上的優劣勢。

▶ 信義區實體活動使用者感受調查

2023 信義區實體活動現場與問券反饋

工作經驗

2021.09 - 現在

LCS 新創公司

行銷專員

- 新產品上市推廣策略分析
  負責產品上市用戶分析與擬定相關推廣計畫建議
- 活動分析與優化
  負責產品上市推廣活動的分析報告

LCS

學歷

2019.09 - 2021.06

國立 LSC 大學

管理學系

碩士

- 研究計畫

  研究計畫

  這是範例文件。

  https://docs.google.com/document/d/10mQFHnw...

2015.09 - 2019.06

國立 LSC 大學

管理學系

學士

- 專題研究報告 A

  專案研究報告

  https://docs.google.com/presentation/d/1hVOr2y...

社團經歷

2017.09 - 2019-06

吉他社

第 12 屆 社長

- 負責撰寫招募社員計畫
- 規劃活動排程與預算分配

其他作品集

USER PERSONAS 2023
新產品上市目標受眾分析

2023 線下活動策劃
2023 年線下活動策劃

合作提案
2023 廠商合作提案

技能

文書軟體

Windows Excel ●●●●○
- 運用基礎與進階函數處理和比對數據
  - 只是範例文件.xlsx 21.5KB

Windows Word ●●●●●
- 靈活運用各功能，並作為提案與記錄的基礎工具
  - 只是範例文件.docx 27.3KB

Windows PowerPoint ●●●●●
- 獨立製作分析報告或提案報告
  - 只是範例文件.pptx 32.8KB

數據分析

SQL ●●●○○
- 靈活運用「基礎」與「中階」語法擷取資料
- 持續透過線上課程優化邏輯、提高語法的效率

Python ●●●○○
- 利用資料進行後續數據分析
- 產出視覺化圖表
  - 只是範例.jpg 11.8KB

Tableau ●●●●○
- 利用資料進行後續數據分析
- 產出視覺化圖表
  - 只是範例.jpg 11.8KB

社群媒體

LinkedIn
主要用於經營個人職場人脈，並觀察工作與產業時事。

Medium
平時會針對議題時事思考、行銷與資料學習記錄分享個人想法於 Medium 上。

LinkedIn: Log In or Sign Up
750 million+ members | Manage your professional identity. Build and engage with your professional network. Access knowledge, insights and
https://www.linkedin.com/

Medium - Where good ideas find you.
Medium is a place to write, read, and connect Medium is a place to write, read, and connect it's easy and free to post your thinking on any topic and
https://medium.com/

Where good ideas find you.

語言能力

英文 ●●●●○
- TOEIC: 900
- TOFEL: 95

日文 ●●●○○
- JPEL: N3

中文 ●●●●●
- 母語

數位履歷預覽

第一步：建立個人資料區塊

　　建立個人資料區塊之前，需要先將頁面調整成全幅模式，來創造更多版面空間，操作方式可以參考「第四章節的第三步：新增多種資料庫顯示方式」。

　　個人資料部分有四大塊拼圖，分別是「設定背景照片、設定個人照片、建立個人資料區、目前職涯狀態與背景概況」。

設定背景照片

　　封面照片可以幫助履歷更有「帶入感」，最好的背景素材是選擇與你的「專業技能」相關之情境圖片，或是單純以「素色」簡單呈現也可以讓畫面相對簡潔。

1 將游標滑至頁面標
題 的 上 方 ， 會 出
現 **新 增 封 面 (Add
cover)** 的按鈕。

❶ 點擊「新增封面 (Add cover)」

2 點擊後，系統會隨
機幫你帶入一張圖
片 ， 這 時 候 只 要 將
游標滑到封面照片
的右下角，即可變
更 成 你 想 要 的 圖
片。

❷ 點擊「更改封面 (Change cover)」

3 Notion 目前支援四種更改封面圖片的方式：

- 從系統圖片內選擇 (Gallery)
- 自行上傳圖片 (Upload) 註2
- 帶入連結圖片 (Link)
- 從 Unsplash 中選擇圖片 (Unsplash) 註3

註2 如果是使用免費版的 Notion，上傳檔案時都會限制不能超過 5 MB。

註3 使用此圖庫搜尋時，建議用英文輸入查找，可以更精準地找到想要的圖片類型。

我最常用的方式是**從Unsplash 中選擇圖片**，原因是 Unsplash 圖庫中有非常多樣的圖片可供選擇，完全不用再自己花時間從 Notion 外尋找適合的封面照片。

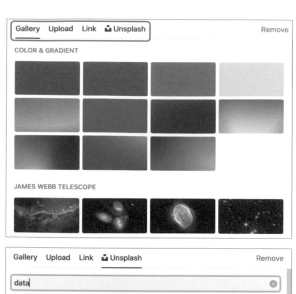

為了讓履歷可以更有帶入感，所以我想選擇跟我的專業比較相關的情境照片，例如：帶有數據感的背景圖片。當輸入關鍵字「資料（data）」時，就會出現下方的圖片庫提供選擇，關鍵字下得越精準，就能夠更快速找到理想中的背景圖案。

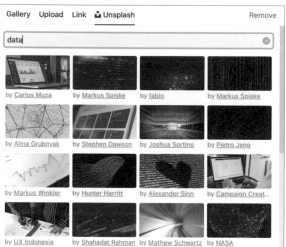

4 我們選擇好圖片後，一開始的背景圖片預設是取圖片「置中」的位置，後續可以透過下方示範的微調方式，變更背景圖片位置。

❶ 點擊「調整位置（Reposition）」

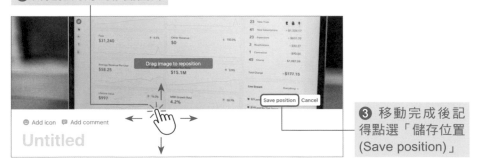

❷ 用拖拉的方式移動圖片

❸ 移動完成後記得點選「儲存位置 (Save position)」

實作到這邊，就完成了封面照片的設定，建議當整頁的版面全部完成後，可以嘗試放上不同的圖片，找到與版面最協調的圖片作為最終的背景圖案。

設定個人照片

　　放置個人照片的位置，我們會透過「圖示 (icon)」的版面來製作，一般這裡圖示的應用可以放上三種類型的圖案，分別是「表情符號 (Emojis)」、「圖示 (icons)」、「個人化 (Custom)」。在之前的版面上，我們多數時間會放上表情符號居多，在履歷的頁面上，我們則可以透過「個人化 (Custom)」功能上傳個人的照片，位置會在整個看板的最上方，讓對方在一開始就能夠認識你。

1 首先，在頁面標題上方可以找到**新增圖示 (Add icon)** 的按鈕。

❶ 點擊「新增圖示 (Add icon)」

2 選擇個人化 (Custom) 後，可以透過「貼上連結」或「上傳檔案」的方式新增個人照片，特別的地方是，這裡的圖示可以支援 GIF 檔案（可以參考連結模板範例查看 GIF 檔呈現的樣子）。

❷ 點擊「個人化 (Custom)」

❸ 貼上照片連結或上傳照片

3 更新完後會如下方所示：

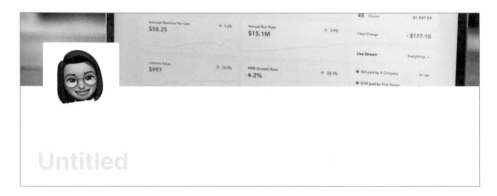

個人資料與簡述職涯概況

　　這個區塊主要會放上個人名字、主要聯絡方式、履歷更新時間、職涯概況，來讓一開始瀏覽這份履歷的人，對自己有最基本的了解。

1 放上個人名字與主要聯絡方式

　　此看板的「標題欄位」即為個人名字的輸入欄位，接著，主要聯絡方式可以在名字下方利用**項目符號 (Bulleted list)** 來製作，且將之並排呈現，請參考下方實作方式。

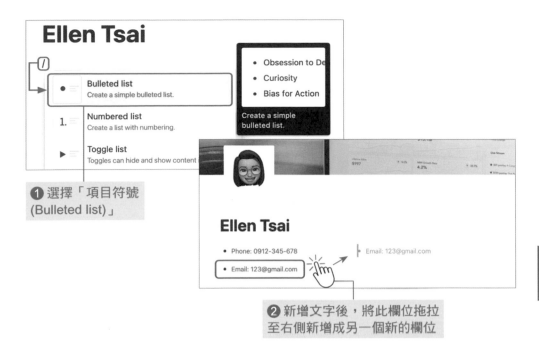

① 選擇「項目符號 (Bulleted list)」

② 新增文字後，將此欄位拖拉至右側新增成另一個新的欄位

2 履歷更新時間

同樣先新增**項目符號 (Bulleted list)** 來製作這個區塊，後續在日期的地方放上履歷更新時間，並選擇日期。日期資訊可以幫助面試者知道，這份資料是最新更新完成的內容。

① 選擇「日期與通知 (Date or reminder)」

② 選擇「今天 (Today)」

3 職涯概況

利用**引用 (Quote)** 功能新增一段目前職涯的狀態與希望尋找新機會的方向，選擇完後就可以輸入相關資訊。

完成後會呈現如下方：

透過以上步驟，個人資料的部分就建立完成了，我們簡單透過排版和幾個文字樣式就可以讓畫面以一個簡潔、區塊化的方式，來呈現不同類型的文字資訊。

第二步：
說明主要專業技能

個人資料區塊完成後，下一個區塊會接著說明個人技能的部分，最終會提煉出三大技能，並針對各項技能放上最吸引人的實際作品或案例。

首先，先拆解這個區塊內包含的內容，對於我們後續編輯與製作會更加理解，一個主要專業技能的區塊中，包含以下幾個功能、文字類型：

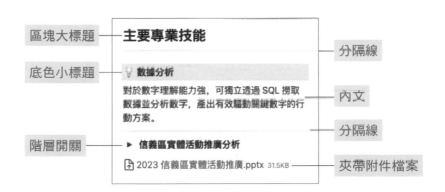

區塊大標題與分隔線

我們常會使用「大標題」來區分主要內容區塊，此時可以再加上「分隔線」來凸顯區塊內的分層概念。

1 建立標題文字

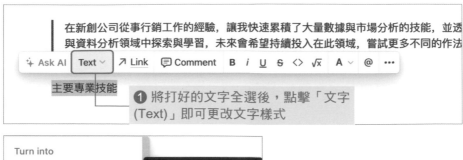

❶ 將打好的文字全選後，點擊「文字 (Text)」即可更改文字樣式

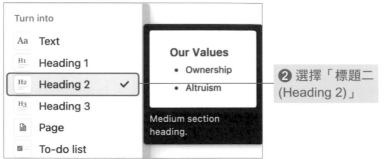

❷ 選擇「標題二 (Heading 2)」

2 在建立好的標題下方，新增**分隔線 (Divider)**

Tip 快速輸入「分隔線」

分隔線功能除了可以使用「/」的指令叫出選單後選擇之外，還可以透過快速輸入「---」來建立，如下方所示，輸入三次「-」即可快速完成分隔線的輸入。

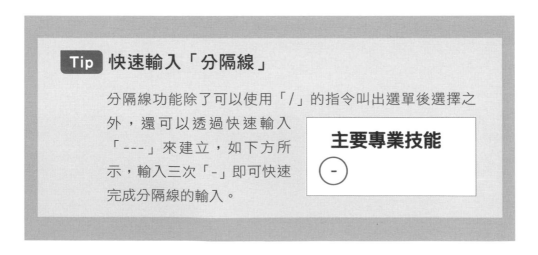

底色標題與內文

在新增底色標題前，先將區塊按照規劃好的分成三個欄位，欄位設定好後再透過底色標題來凸顯與大標題的差異。

1 新增三個欄位，對應後續要放上的三個專業技能。

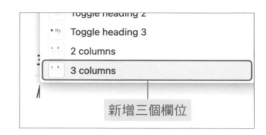

新增三個欄位

2 輸入文字後，在此列加上底色。

❶ 將游標指向此列最前方後點擊「灰色框」

❷ 選擇「顏色 (Color)」，再挑選喜歡的底色

3 完成後即可在標題下方開始進一步編輯專業技能的詳細內容。

4 完成內文編輯後會如下方所示，因為我們需要接著編輯專業技能的相關作品集，所以在內文下方我們也一起新增一條分隔線。

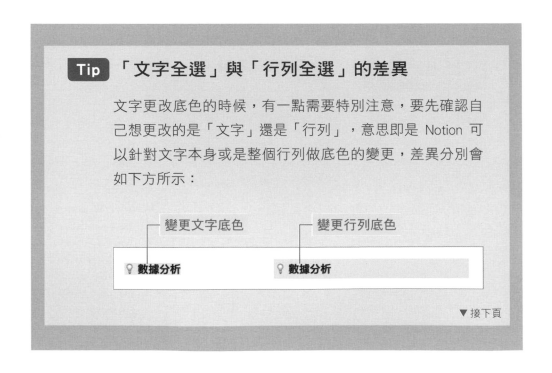

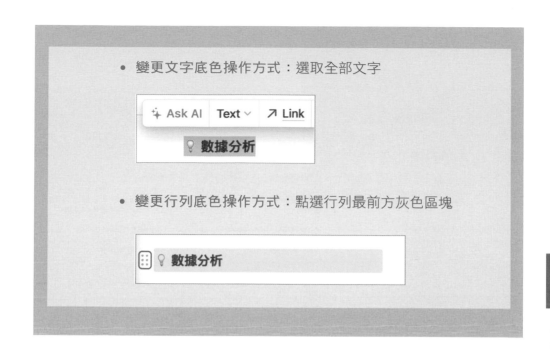

- 變更文字底色操作方式：選取全部文字

- 變更行列底色操作方式：點選行列最前方灰色區塊

階層開關與夾帶附件檔案

　　階層開關的功能可以應用在「資訊量較多」或是「需要補充資料」時，在提及專業技能後，若想補充在此專業技能下的一些作品集或是相對應的執行成果，就可以使用此方式來做細節的補充。

1 在每個專業技能下方，新增**階層開關**(Toggle list)。

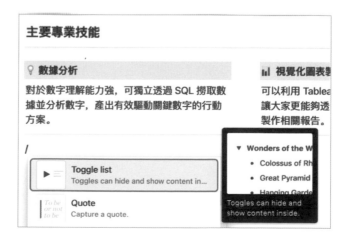

2 階層開關的第一層可以作為標題使用，第二層則用來補充細節資訊。例如下方範例：第一層以專業技能相關的標題說明為主，內文則說明此應用的執行細節與成果。

- 階層開關展開時

- 階層開關收合時

3 完成階層開關後，我們開始要將能夠證明我們專業能力的相關參考資料放在下方，此時的參考資料可以透過「嵌入連結」或「上傳檔案」的方式，在頁面上呈現。

❶ 選擇「檔案 (File)」

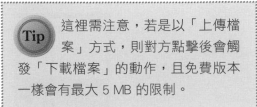

Tip 這裡需注意，若是以「上傳檔案」方式，則對方點擊後會觸發「下載檔案」的動作，且免費版本一樣會有最大 5 MB 的限制。

❷ 選擇檔案上傳方式：「從電腦上傳 (Upload)」或是「嵌入連結 (Embed link)」

4 上傳完檔案之後，系統預設檔案文字的顏色為「黑色」，這時候我們可以將此文字顏色更換成「藍色」，就可以更加提示對方這是個連結或檔案。

上傳完的檔案文字，預設會是黑色

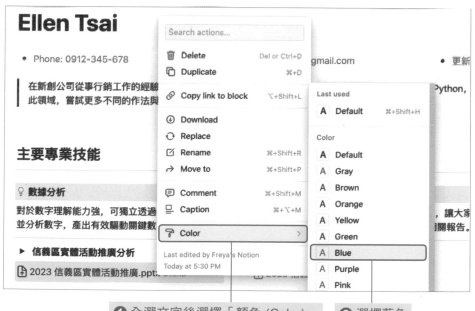

❶ 全選文字後選擇「顏色 (Color)」　　❷ 選擇藍色

最終就可以完成如下方的專業技能區塊：

主要專業技能

數據分析	視覺化圖表製作	使用者調查
對於數字理解能力強，可獨立透過 SQL 撈取數據並分析數字，產出有效驅動關鍵數字的行動方案。	可以利用 Tableau 和 Python 製作視覺化圖表，讓大家更能夠透過視覺化的方式理解數據，並製作相關報告。	喜歡與人接觸，並了解使用者感受，擅長設計問卷並透過「線上問卷調查」與「用戶焦點訪談」來了解產品或服務在市場上的優劣勢。
▶ 信義區實體活動推廣分析	▶ 信義區實體活動互動人群樣貌分析	▶ 信義區實體活動使用者感受調查
📄 2023 信義區實體活動推廣.pptx 31.5KB	📄 2023 信義區實體活動人群分析	📄 2023 信義區實體活動現場與問券反饋

Tip 新增影音作品檔案

若你的作品集是影音類型的檔案，也可以利用「影片 (Video)」或是「音訊 (Audio)」來新增到 Notion 上面。

- 上傳或嵌入影片

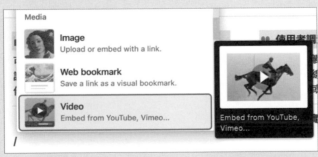

嵌入

上傳

▼接下頁

- 上傳或嵌入音訊

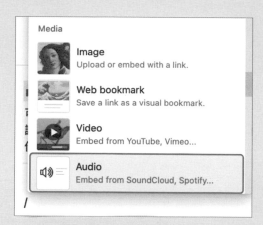

視覺化圖表製作

可以利用 Tableau 和 Python 製作視覺化圖表，讓大家更能夠透過視覺化的方式理解數據，並製作相關報告。

▶ 信義區實體活動互動人群樣貌分析

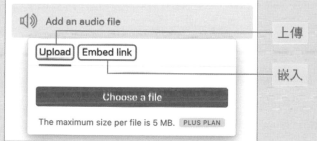

上傳

嵌入

8-3 第三步：學經歷與社團資料

　　履歷必備的學經歷區塊，可以利用欄位的劃分，做到簡單清楚的排版效果。

文字與圖片或檔案並存的排版方式

1 新增標題與分隔線（重複第二步實作時的方式），完成後再次新增三個欄位。

2 三個欄位分別會作為「在職（學）時間」、「在職（學）經歷」、「在職公司 Logo / 在學研究報告」區塊，可以參考下方說明完成此區塊，其中「上傳圖片」的方式，可以參考下方的實作步驟。

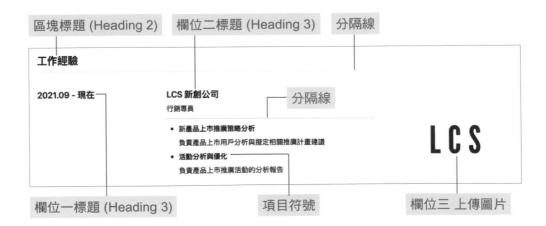

3 上傳圖片可以透過圖片 (Image) 的功能完成。

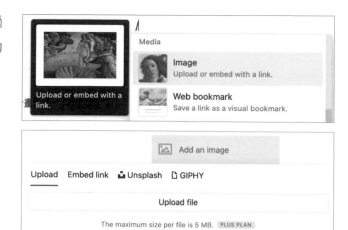

書籤功能

其中學歷部分，除了重複上方的步驟之外，第三個欄位區塊，可以從原本的圖片改成放置「**專案成果**」或是「**研究計畫**」的資料，這裡的資料可以用**書籤 (Bookmark)** 的方式帶入檔案的連結。

「書籤」與一般「上傳檔案」的差異是，書籤會自動帶入頁面上的簡易資訊或圖片，有助於提高對方的好奇心，進而點擊進去瀏覽。

完成此區塊後，版面會呈現如下方：

工作經驗

2021.09 - 現在   **LCS 新創公司**

行銷專員

- 新產品上市推廣策略分析
  負責產品上市用戶分析與擬定相關推廣計畫建議
- 活動分析與優化
  負責產品上市推廣活動的分析報告

LCS

學歷

2019.09 - 2021.06   **國立政治大學**

企業管理學系 碩士

- 研究計畫獲得國際肯定
- 參與專案取得重要研究成果

- **研究計畫**

  研究計畫
  這是範例文件。
  https://docs.google.com/document/...

- **專案成就**

  專案研究報告
  https://docs.google.com/presentatio...
  專題報告

2015.09 - 2019.06   **國立政治大學**

企業管理學系 學士

- 參與商業競賽取得第一名成果

- **專題研究**

  專題研究
  https://docs.google.com/presentatio...

- **商業競賽成果**

  商業競賽
  https://docs.google.com/presentatio...
  專題研究 2023

社團經歷

2017.09 - 2019-06   **吉他社**

第 12 屆 社長

- 負責撰寫招募社員計畫
- 規劃活動排程與預算分配

第四步：其他作品集

利用陳列資料庫製作作品集

相信多年的累積，一定有非常多的內容需要放上履歷，所以若當你的作品集數量較多時，可以利用資料庫的形式，另外新增一個「其他作品集」的區塊。

1 新增**陳列資料庫 (Gallery)**，並將資料庫重新命名後，點進其中一個卡片內頁，新增作品集名稱並新增**連結 (URL)** 的欄位屬性。

❶ 新增「陳列資料庫 (Gallery view)」

② 將名稱改為「其他作品集」

③ 新增作品集名稱

⑤ 將屬性改為「連結 (URL)」

④ 編輯屬性名稱為「連結」

2 開啟**連結**屬性的可視範圍，這樣從卡片上就可以直接點擊連結查看檔案。

① 點擊「···」

② 點擊「屬性 (Properties)」

③ 將「連結」的可視範圍開啟，連結將會顯示在卡片上

3 接著在內文中貼上參考資料的檔案連結、專案圖片或資料等。

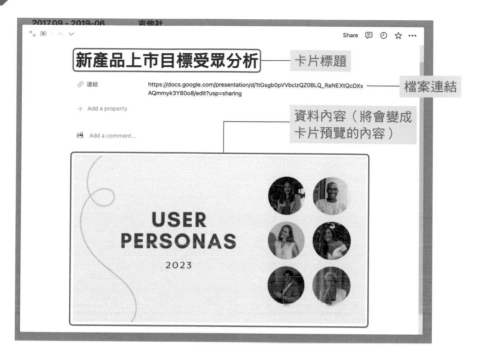

4 將卡片預設預覽內容改為**內容**，卡片尺寸設為大，讓卡片在第一層預覽時可以呈現內文的內容。

5 完成「其他作品
集」。

內文預覽

卡片標題

檔案連結

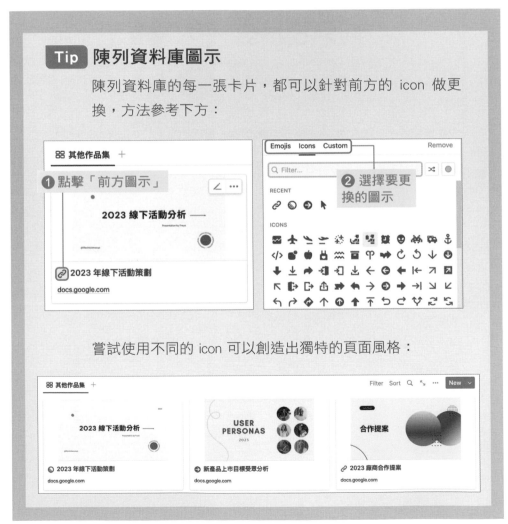

Tip 陳列資料庫圖示

陳列資料庫的每一張卡片，都可以針對前方的 icon 做更
換，方法參考下方：

嘗試使用不同的 icon 可以創造出獨特的頁面風格：

8-5 第五步：軟體與語言能力與社群經營

製作軟體與語言技能區塊

履歷中還有很重要的一塊是說明自己的軟體與語言能力，我們可以透過下方的呈現方式，來讓對方了解自己對於各項軟體與外語的能力。

技能

文書軟體

Windows Excel ● ● ● ● ○
- 運用基礎與進階函數處理和比對數據
  📄 只是範例文件.xlsx 21.5KB

Windows Word ● ● ● ● ●
- 靈活運用各功能，並作為提案與記錄的基礎工具
  📄 只是範例文件.docx 27.3KB

Windows PowerPoint ● ● ● ● ●
- 獨立製作分析報告或提案報告
  📄 只是範例文件.pptx 32.8KB

數據分析

SQL ● ● ● ○ ○
- 靈活運用「基礎」與「中階」語法撈取資料
- 持續透過線上課程優化邏輯、提高語法的效率

Python ● ● ● ○ ○
- 利用資料進行後續數據分析
- 產出視覺化圖表
  📄 只是範例.jpg 11.8KB

Tableau ● ● ● ● ○
- 利用資料進行後續數據分析
- 產出視覺化圖表
  📄 只是範例.jpg 11.8KB

1 一開始一樣先建立**區塊大標題 (Heading 2)**。

2 接著在標題下方放上**分隔線 (Divider)**，並加入小標題（範例是用一般大小的字型加上粗體）。

3 接著這邊的版面會一分為二，右方需要先預留圖片區塊，所以我們要先將頁面改為「2 個欄位」。

❶ 全選文字後，點選文字修改的按鈕

技能
✦ Ask AI Text ∨ ↗ Link ⊟ Comment **B** *i* U̲ S̶ <> √x̄ A ∨ @ •••
文書軟體

技能
✦ Ask AI Text ∨ ↗ Link ⊟ Comment **B** *i* U̲ S̶ <> √x̄ A ∨ @ •••

H2	Heading 2
H3	Heading 3
▤	Page
☑	To-do list
•	Bulleted list
1.	Numbered list
▸	Toggle list
▦	Code
⊟	Quote
T_EX	Block equation
▸ H1	Toggle heading 1
▸ H2	Toggle heading 2
▸ H3	Toggle heading 3
⊞	2 columns
⊞	3 columns
⊞	4 columns
⊞	5 columns

❶ 更改為「2 個欄位 (2 columns)」

Create 2 columns of blocks.

4 利用引用 (Quote) 來新增「軟體項目」。

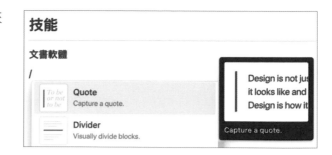

5 運用特殊符號 + 設定為程式碼 (Mark as code) 功能。

❶ 輸入特殊符號

❷ 將文字變成程式碼「Mark as code」

特殊符號就會變成「灰底 + 紅字」的樣式

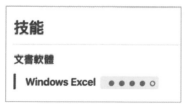

你可以運用在任何特殊符號上，來代表程度上的差異，如右方範例：

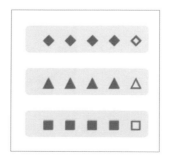

6 接著在下方可以加入「補充說明」與「相關實作資料」註4。

7 最後在右方欄位放上一張該項目軟體的圖片,來讓對方更了解你描述的軟體。

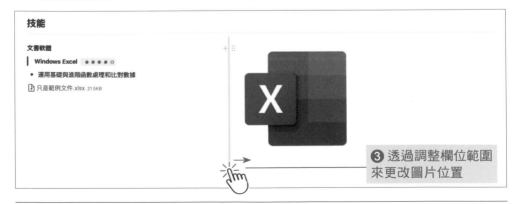

註4 參考本章節「第二步」的「階層開關與夾帶附件檔案」。

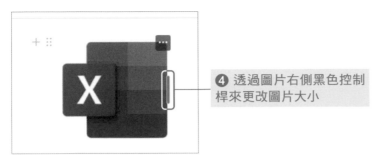

④ 透過圖片右側黑色控制桿來更改圖片大小

調整完成

　　經過這些步驟即可完成一項技能的排版以及內容編輯，接著就可以重複這些步驟，把自己有相對優勢的技能都盡可能放上去，語言能力的部分也是依照相同方式製作出一樣的版面。

製作社群經營區塊

　　社群部分比較常會放的項目可以是 LinkedIn 或是本身有在經營的自媒體平台，例如；Medium、方格子、Instagram、Facebook 等有助於幫自己加分的內容。

1 新增標題與分隔線如下：

❶ 新增「Heading 3」大小的標題　　　　**❷** 輸入「---」增加分隔線

2 將頁面分成 2 個欄位。

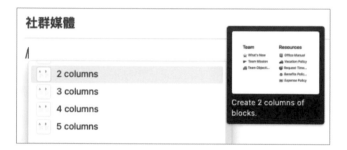

3 上傳圖片並新增標題與內文。

❶ 新增「圖片 (Image)」

❷ 上傳檔案

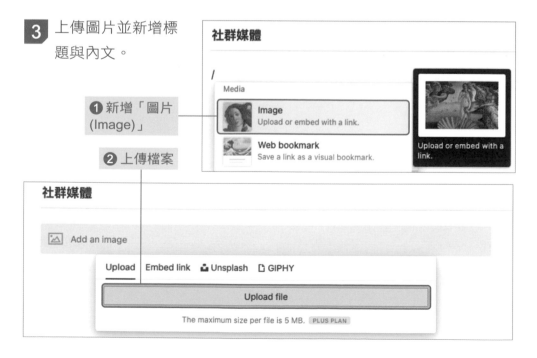

❸ 透過圖片右側邊界的黑色控制桿來調整圖片大小

4 嵌入連結。

❶ 新增「網頁書籤 (Web bookmark)」

連結嵌入成功

5 接著重複步驟，把右側的內容照一樣的流程更新上去就完成了！

📖 大功告成，讓履歷持續更新！

完成了數位履歷後，你可以隨時編修你最新的作品集，或是更新你的職涯資訊，讓你的履歷能夠持續收集你的成果，並完整的保存起來！

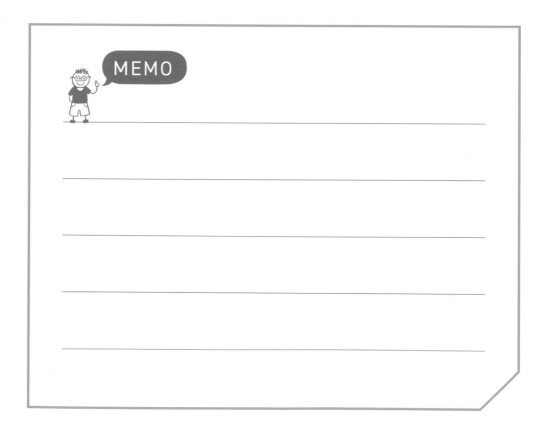

職場應用（中級篇）

第 **9** 章

工作管理系統

中級篇應用：工作管理系統

Goal 將學習到的 Notion 技巧

- 資料庫功能（Board / Timeline / List）
- 自定義按鈕功能（Button）
- 任務相依性（Dependencies）
- 子母項目（Sub-items）

本章節所使用的 Notion 模板連結[註1]：

職場基礎篇我們主要著重在利用 Notion 各項功能來「整合不同種類的資訊類型」，最終做為數位履歷的另一種呈現方式，而中級篇開始會進到「工作管理系統」的製作，工作管理系統可以幫助你梳理工作上的資訊與進行協作工作，當有更清晰的個人工作資訊看板，就可以更容易幫助自己思考得更全面與安排事情的優先順序，降低發生工作事項被遺漏的情況。

工作資訊看板主要會分成五大區塊，「專案時程表、專案進度板、臨時待辦事項、靈感快速記錄、新增項目按鈕」，這些區塊各自的功能應用與目的說明如下：

註1 本書提供之範例模板使用方式可以參考「附錄 A：Notion 範例模板使用方式說明」。

區塊	功能應用	目的
專案時程表	時間軸資料庫 (Timeline) 建立項目相依性 (Dependnecies) 新增子母項目 (Sub-items) 過濾器功能 (Filter)	展開各項專案的工作時程
專案進度板	看板資料庫 (Board)	確認目前各項專案的進度狀態
臨時待辦事項	清單資料庫 (List)	快速記錄待處理但不屬於大型專案的項目
靈感快速紀錄	清單資料庫 (List)	快速記錄閃過腦袋的想法與靈感
新增項目按鈕	自定義按鈕 (Button)	一鍵新增待辦事項與靈感

完成後如下方所示：

將各個功能區塊版面拆解後：

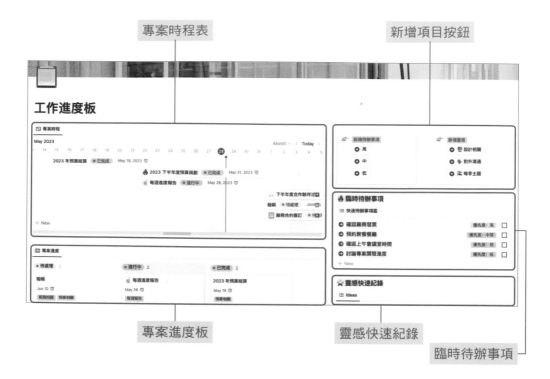

專案時程表　　　　　　　　　　　　新增項目按鈕

專案進度板　　　　靈感快速紀錄　　　臨時待辦事項

9-1 第一步：規劃與劃分欄位區塊

切分頁面欄位

　　頁面上有不同項目區塊時，第一個要優先進行的就是把區塊預先切分開來。以防後續在編輯時，會因為欄位未區分，而造成編輯上區塊混亂的狀況。

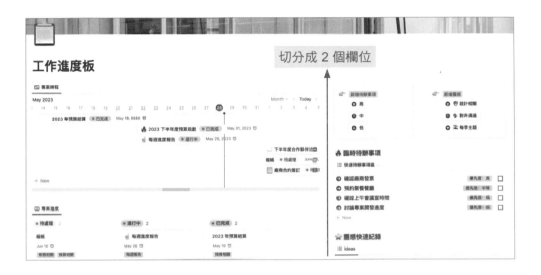

切分成 2 個欄位

　　因頁面在規劃上主要會分成兩個區塊，所以我們先在一開始將頁面改為 2 個欄位 (2 columns)。

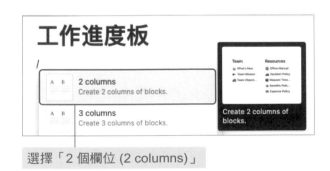

選擇「2 個欄位 (2 columns)」

第二步：
建立「專案時程表」

目標實作完成品：展開各項專案的工作時程，並建立子母工作連結。

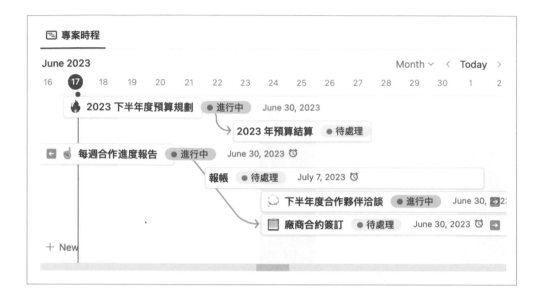

新增時間軸資料庫

1 在左側欄位新增**時間軸資料庫 (Timeline view)**。

❶ 新增「時間軸資料庫 (Timeline view)」

2 選擇建立新的資料庫，若是已經有現存的資料內容，也可以直接從列表中選擇作為此資料庫的資料來源。

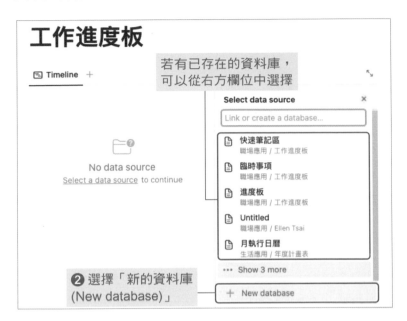

3 接著編輯資料庫第一層的顯示內容，「此資料庫名稱」的欄位強烈建議要填寫，因為以剛才步驟 **2** 的例子來說明，**這個名字會成為後續你要搜尋資料庫名稱時的主要依據**，所以建議在一開始命名的時候，就先取一個比較好記憶的名稱，屆時再選擇來源資料庫時可以更容易搜尋到。

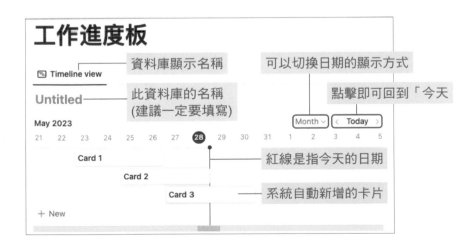

小時	Hours	
週	Day	日
月	Week	
年	Bi-week	雙週
	Month	
	Quarter	季
	Year	

點擊可以切換日期的時間維度

編輯時間軸卡片資訊

1　點擊任一張系統預設卡片，就可以開始編輯此資料庫的屬性與此張卡片的內容，長按欄位名稱即可進行排序的更換。

直接拖拉可以移動屬性的排序

點擊可以編輯欄位名稱

2　在此資料庫，我們會新增幾個重要的資訊屬性，系統預設產生的卡片會內建三個屬性，可以直接從內建屬性更改成自己想要的屬性即可，我們往下依序來做設定：

任務預計進行的時間區間

進度顯示

任務執行者

任務類型標籤

任務須完成日期

相關參考資料

📖 屬性 1：進度

可以顯示在第一層，讓我們在看板上清楚知道項目的狀態，如右方示意圖。

● 先點擊任意一張系統自動產生的卡片，進到內頁來編輯屬性：

① 點擊新增屬性
② 選擇「進度 (Status)」

● 開始編輯「進度」的細節設定（以下示範將文字 " 中文化 " 的編輯方式，若習慣閱讀英文的人，也可以保留原本的系統預設文字）：

③ 更改名稱為「進度」

④ 點擊更改名稱為「尚未開始」，也可以同步更改顏色

點擊更改名稱為「進行中」

點擊更改名稱為「已完成」

- 以上步驟即可完成如下方的屬性設定，並在卡片上開始可選擇進度狀態：

屬性設定完成

可以選擇目前進度

📖 屬性 2：任務執行者

這是系統會自己內建的卡片屬性，可以自由選擇是否要沿用。若是單純為個人的版面，也可以直接更改成其他屬性或是直接刪除，若要保留，則點擊屬性名稱可以將名稱更改為中文。

這裡示範更改名稱為「執行者」

此屬性可以選擇在此專案內的人員，包括自己，選擇後就會出現對方的大頭照與名稱，若此頁面有授權其他成員使用，就可以在此選擇到對方的名字。實際應用如右：

執行者為 Freya

📖 屬性 3：任務預計進行的時間區間

內建的卡片屬性，有需要的話可以直接把名稱改為中文即可使用，例如：我將此屬性命名改為「預計進行時間」。

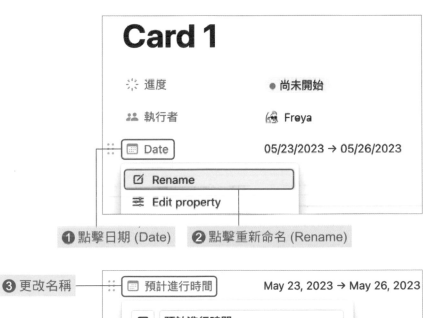

❶ 點擊日期 (Date)　　❷ 點擊重新命名 (Rename)

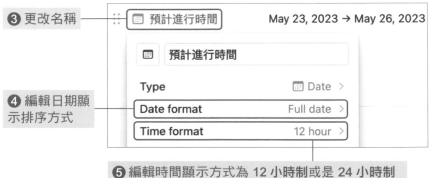

❸ 更改名稱

❹ 編輯日期顯示排序方式

❺ 編輯時間顯示方式為 12 小時制或是 24 小時制

日期格式有下方幾種排序方式可以選擇：

樣式	範例
完整日期（Full date）	May 23, 2023 → May 26, 2023
月 / 日 / 年（Month / Day / Year）	05/23/2023 → 05/26/2023
日 / 月 / 年（Day / Month / Year）	23/05/2023 → 26/05/2023
年 / 月 / 日（Year / Month / Day）	2023/05/23 → 2023/05/26
相對日期（Relative）	May 26, 2023 → Tuesday

📖 屬性 4：任務須完成日期

為須完成時間的截止日概念，這個屬性可以用來作為通知提醒的依據。

關於「日期」的細節設定，可以參考上方的說明。

📖 屬性 5：任務類型標籤

為每項任務放上標籤，未來在資料量越來越多時，即可透過標籤快速分類任務項目，尤其是針對工作看板上有多項大型專案時，特別能夠幫助自己查找單一專案的相關工作事項。

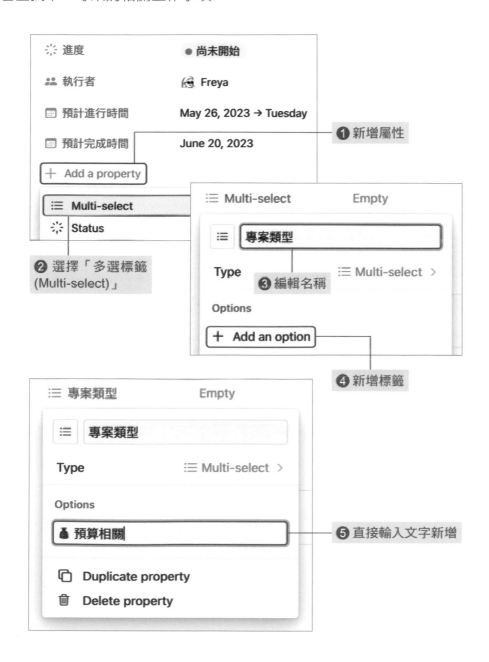

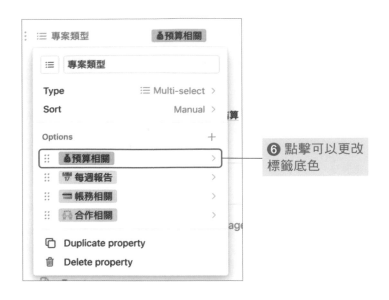

❻ 點擊可以更改
標籤底色

標籤新增後就可以在欄位上選擇，如下方所示：

📖 屬性 6：相關參考資料

預留欄位用來放置專案或任務的參考資料。

若有相關參考資料，就可以同步貼在上方，如下方所示：

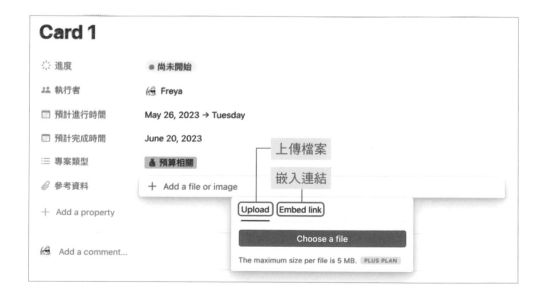

上傳的方式分成兩種：

● **上傳 (Upload)**：可以將檔案上
傳至此頁面，若是免費版，將
會受到檔案大小最大 5 MB 的限
制，上傳完後系統會將檔名顯
示在卡片上，點擊後會「下載
此檔案」到裝置中。

● **嵌入 (Embed link)**：把檔案連
結貼在此頁面上，貼上後會顯
示連結的網址，點擊後會打開
該檔案網頁。

變更資料庫屬性顯示範圍

透過調整「屬性的可視範圍」可以決定要顯示在第一層看板上的資訊，
例如下方的示意圖。當屬性開啟，則會在看板工作條上出現屬性的內容。

到這裡就完成了「專案時程表」的製作了！

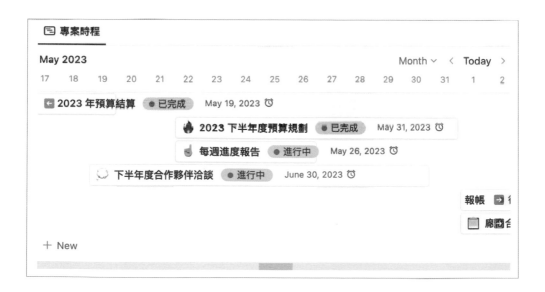

顯示特定項目在時間軸上

時間軸資料庫新增完內容後，若項目變多時，會造成整個看板資訊變多，所以我們可以透過「過濾器 (Filter)」來篩選只想看到特定的項目資訊。

1. 新增以「進度」為過濾目標的過濾器

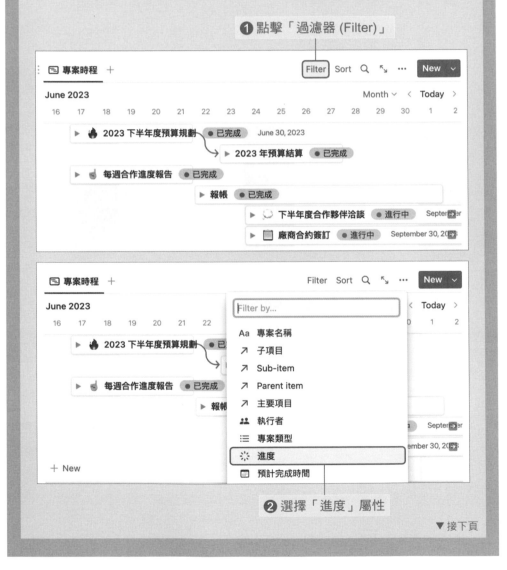

❶ 點擊「過濾器 (Filter)」

❷ 選擇「進度」屬性

▼接下頁

2. 選擇想看到
的進度項目

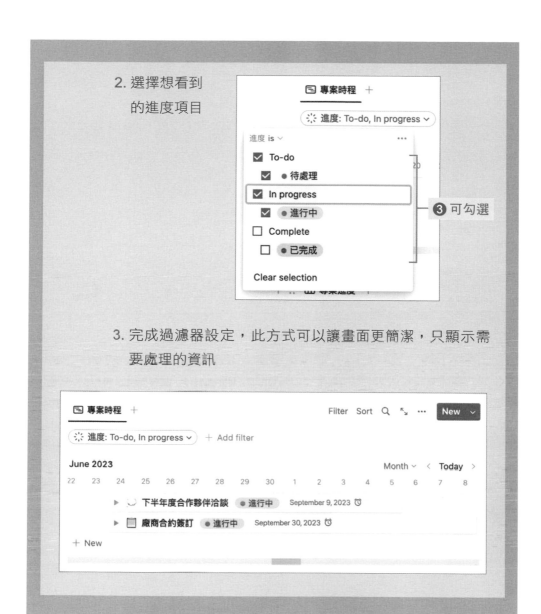

③ 可勾選

3. 完成過濾器設定，此方式可以讓畫面更簡潔，只顯示需
要處理的資訊

建立項目相依性

透過時程表的瀏覽方式，我們可以快速將兩個工作項目彼此連結起來，
在各自的卡片內容裡快速找到相關的工作項目。

這個功能的使用情境可以是：

● **工作項目有「順序」之分：完成 A 之後需要再接續完成 B**

此功能可以透過快速拖拉的方式來讓工作項目之間快速連結，如下方
實作所示。

1 將滑鼠移到項目右側，即會出現圓形連接點，長按拖拉連結線至
另一個項目後，右側會跳出**卡片邏輯設定**。

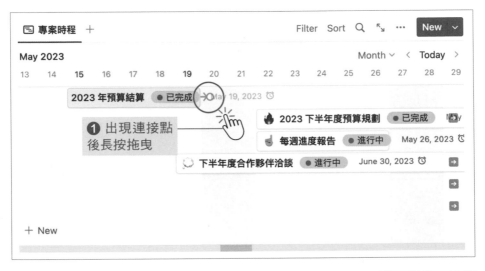

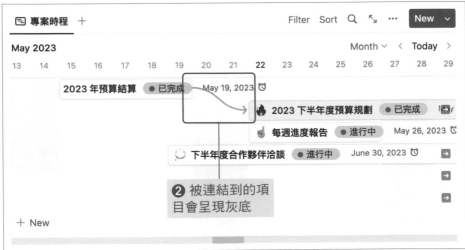

點「⋯」可以開啟卡片邏輯設定 (Dependencies)

❸ 選擇想要的卡片預設邏輯

保持任務時間不重疊
(如果時間重疊時，再將卡片自動推移)

維持時間長度不變、任務不重疊 (移動卡片時，時間全部同步推移)

全部皆不自動推移

是否要避開週末時段

「項目相依性」卡片設定邏輯有三種：

1. 保持任務時間不重疊

此情境可應用在若萬一任務彼此之間重疊時，希望系統自動將重疊的任務往後推移，避免有重疊任務的狀況，此狀況可能會發生工作時間縮短問題。

2. **維持時間長度不變，時間全部同步推移**

   此情境可應用在，希望讓一開始規劃好的工作時間段維持不變更，若一開始的「前置項目」發生延誤，則後續所有的項目皆會同步順延。

3. **全部皆不自動推移**

   若不希望系統自動推移任務時間，且若任務重疊也沒關係的話，則可以選擇此邏輯。

最後可以選擇是否要「避開週末時段」，此功能可以讓工作排程避免開始或結束在週末的時間段，過往需要依賴自己刻意避開規劃的時間段，可以透過此功能來減少失誤發生。

完成即會顯示「連結線」：

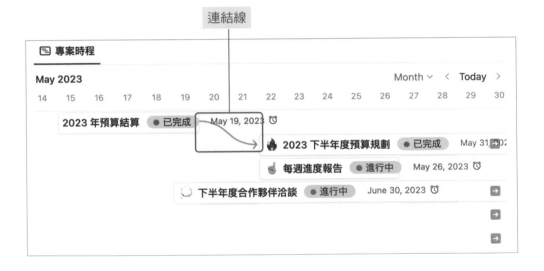

2 接著點擊卡片編輯屬性名稱。

- 「Blocked by」修改為**前置項目**：利用原文的理解是，Blocked by 是指該項目會被某個項目阻擋，所以可以理解成「前置項目」。

- 「Blocking」修改為**依存項目**：利用原文的理解是，該項目正在阻擋某個項目，所以可以理解成是「依存項目」。

對照時間表上的邏輯如下：

Tip 修改項目相依性箭頭方向

一開始系統預設的「箭頭指向」是依照前置項目 → 此項目 → 依存項目來顯示，而此邏輯也可以透過設定改為依存項目 → 此項目 → 前置項目的顯示方式，即箭頭方向完全相反過來。

實作方式如下：

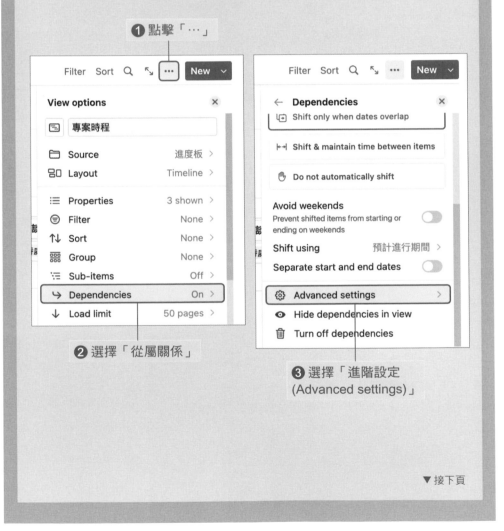

❶ 點擊「…」

❷ 選擇「從屬關係」

❸ 選擇「進階設定
(Advanced settings)」

▼接下頁

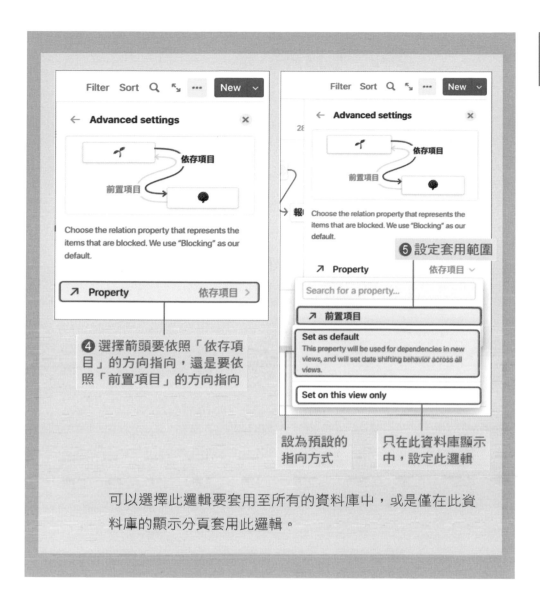

可以選擇此邏輯要套用至所有的資料庫中，或是僅在此資料庫的顯示分頁套用此邏輯。

3 連結完成後，在各自的卡片中就會呈現設定好的「前置項目」或「依存項目」的屬性欄位，未來在瀏覽工作項目時，就可以幫助自己快速梳理工作事項的排序。

建立子母項目

　　針對「專案時程表」的任務項目我們還可以新增「子母項目 / 任務」，此功能可以針對項目新增更細分的任務項目。

1 新增「子項目」功能。

❶ 點擊「…」

❷ 選擇「子項目 (Sub-items)」

點擊後會出現預覽形式
說明，並選擇開啟子項
目功能。

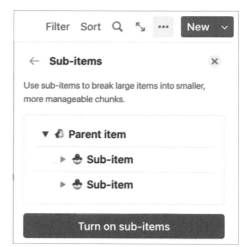

開啟後會出現前方的箭頭，
此為「母項目」的開關

2 接著點擊卡片「編輯屬
性名稱」與「新增子母
項目」。

❶ 更改名稱：
「Parent item」改為母項目
「Sub-item」改為子項目

❷ 點擊此處可以新增「子項目」

新增完後畫面會呈現如下：

若為母項目，則箭頭為「黑色」

子母項目的提示線　　　　　若目前僅為子項目，則箭頭為「灰色」

3 新增與刪減多個子任務：

❶ 透過「-」和「+」來
新增與刪減子任務

❷ 新增完後，左側會出現子項目的方塊，可以
直接點選目標日期來新增子項目的預計進行時間

一個母項目下，有多個子任務的形式：

若有較多子任務時，透過母項目的箭頭收合起來，可以讓畫面更加簡潔：

進行到這邊，已經完成了「時間軸資料庫」的學習與實作，接下來將進到「看板資料庫」的實作！

9-3 第三步：建立「專案進度板」

目標實作完成品：利用資訊看板確認目前各項專案的進度狀態。

新增看板資料庫

1 在**時間軸資料庫**下方空白處新增**看板資料庫**。

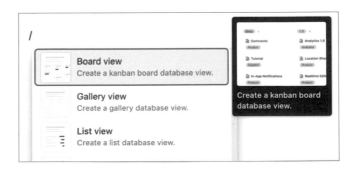

2 注意！這裡的看板資料庫，我們會選擇已經建立好的**時間軸資料庫**作為資料來源，這樣我們就可以在同一個頁面上同時顯示相同的工作事項，只是透過不同視角來管理工作項目。

3 新增後系統會預設回到**時間軸資料庫**的顯示方式，我們需要再次切換成**看板資料庫**的顯示方式，並完成相關個人化設定。

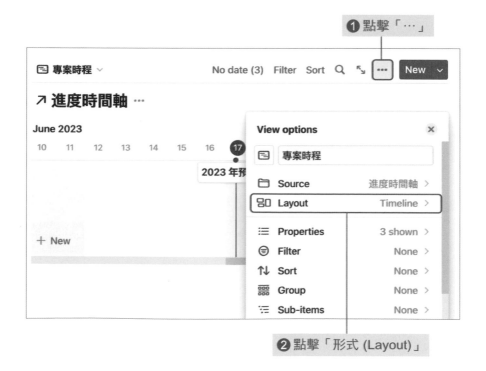

❸ 選擇「看板資料庫 (Board)」

下方提供本次示範之細節設定，也是我個人平常習慣使用的設定：

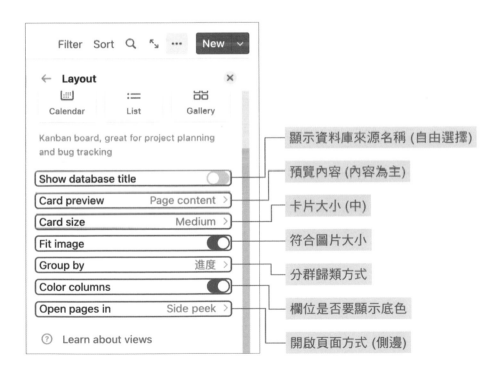

4 完成後，就可以利用看板來查看所有工作項目的進度，搭配上方的「專案時程表」就可以快速整理出工作事項的輕重緩急。

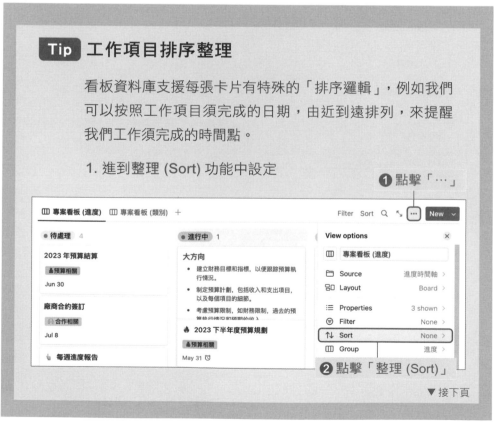

2. 選擇目標要排序的屬性項目以及排序邏輯，意即可以針對
特定屬性，依照「由小到大」或「由大到小」來排列：

- 由小到大的稱為升冪排列（Ascending）

- 由大到小的稱為降冪排列（Descending）

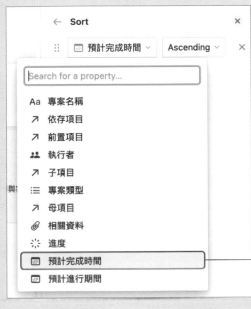

❶ 選擇想要排序的屬
性，這次示範的是依
照「預計完成時間」
來進行順序的排列

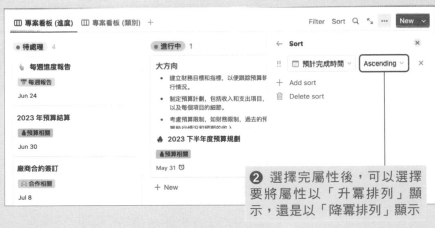

❷ 選擇完屬性後，可以選擇
要將屬性以「升冪排列」顯
示，還是以「降冪排列」顯示

▼接下頁

3. 以範例說明，即是以**預計完成時間為排序依據的升冪排列**。意即完成時間需要越早的工作項目，會最優先顯示在最上方。

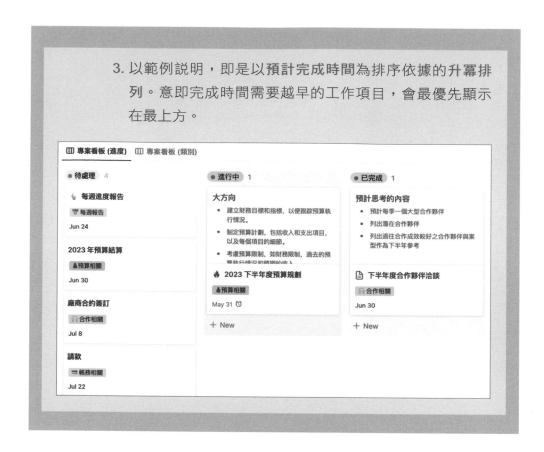

活用「分群歸類」功能

一開始在「看板資料庫」中預設與示範的是依照「進度」來分類，當你建立了更多的屬性標籤時，就可以當作一個分群的依據，透過設定上的切換就可以將工作項目利用不同的分類顯示。

情境上應用如下：

● 目的為規劃今日工作的日程時，優先以「進度」的方式來瀏覽工作項目

● 目的為理解特定「專案類別」的所有工作事項時，則可以改為優先以「專案歸屬」的方式來瀏覽所有相關的工作項目

實作上我們可以利用「再次新增一個看板資料庫」來達到更多視角的資料庫顯示方式。

1 新增一個新的**看板資料庫 (Board)**。

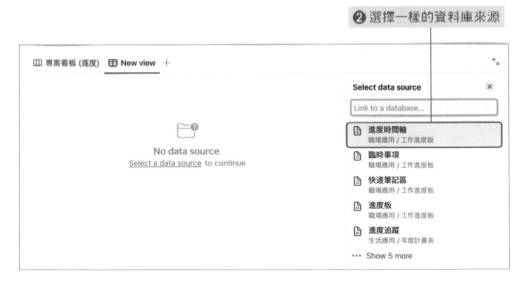

❸ 複製現有的看板資料庫顯示方式

2 更改此資料庫的**名稱**與**分類依據**。

直接將瀏覽視角放在資料庫名稱上

❶ 重新命名

❷ 點選更改分類依據

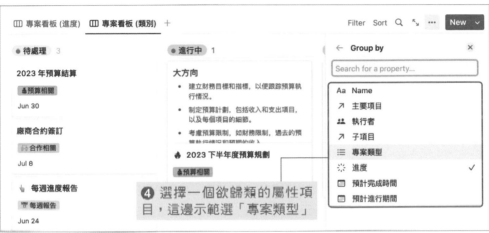

3 範例是以「專案類型」來示範使用「不同歸類依據」的群組顯示方式，完成後會如下方所示，當設定完後就可以在不同視角的資料庫分頁中快速切換，幫助我們更效率地梳理工作項目。

Tip 頁面不同，設定也不同

若針對資料庫建立不同的分頁時，除了資料內容共享以外，每頁的設定都會是分開的，例如：排序方式、屬性顯示項目等，故我們在新增不同的資料庫顯示頁面時，都可以針對頁面來設定不同的顯示內容。

9-4　第四步：建立「臨時待辦事項區」

　　目標實作完成品：快速記錄待處理，且不屬於大型專案的工作項目，並有核取方塊可以快速勾選完成事項。

新增清單資料庫

1 新增標題，樣式可以依照個人喜好設定。

❸ 幫文字加上底色，凸顯標題

2　新增清單資料庫 (List view)。

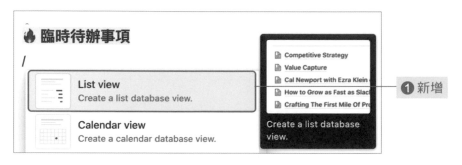

❶ 新增

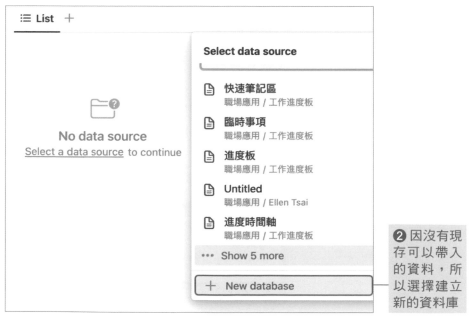

❷ 因沒有現存可以帶入的資料，所以選擇建立新的資料庫

3 直接點擊系統自動產生的頁面，編輯屬性內容，加入**優先度**的標籤分類。

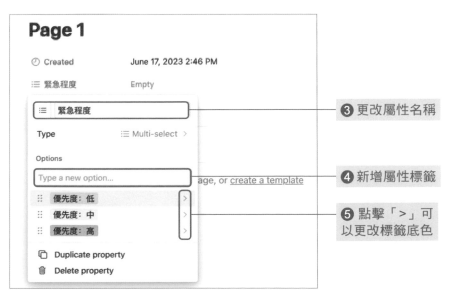

4 新增「已完成」的核取方塊功能。

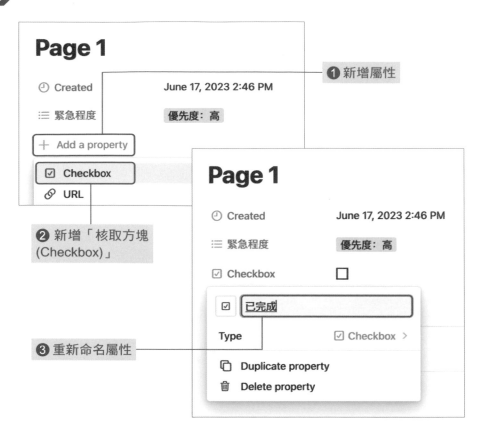

5 新增個人化圖示。

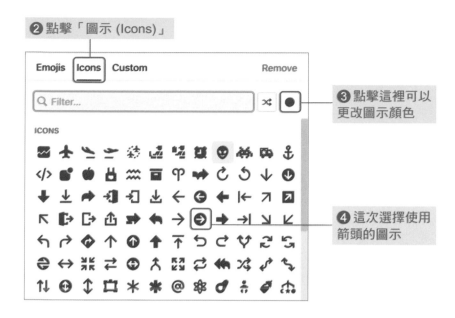

❷ 點擊「圖示 (Icons)」

❸ 點擊這裡可以更改圖示顏色

❹ 這次選擇使用箭頭的圖示

6 調整顯示屬性。

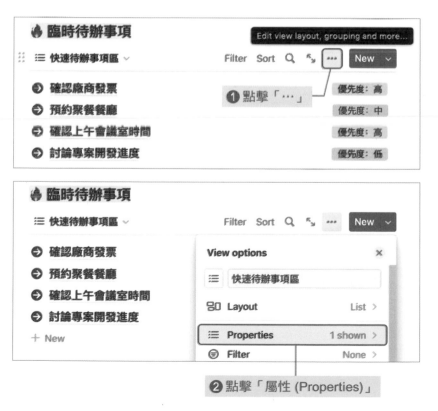

❶ 點擊「...」

❷ 點擊「屬性 (Properties)」

❸ 將核取方塊的屬性改為顯示(點擊眼睛即可調整)

以上即完成此區塊的基本設定！

活用「排序整理」與「過濾」功能

接下來我們要讓這個區塊變得更方便使用，所以會加入兩個功能：

● 依照優先度高至低排列

● 將已完成之項目勾選後，就不再顯示

1 依照「緊急程度」來做排序。

❶ 點擊「排序整理 (Sort)」

❷ 選擇「緊急程度」

❸ 選擇「降冪排列」

完成後，就會以優先順序高的依序往下排列顯示：

2 設定已完成事項不再顯示。

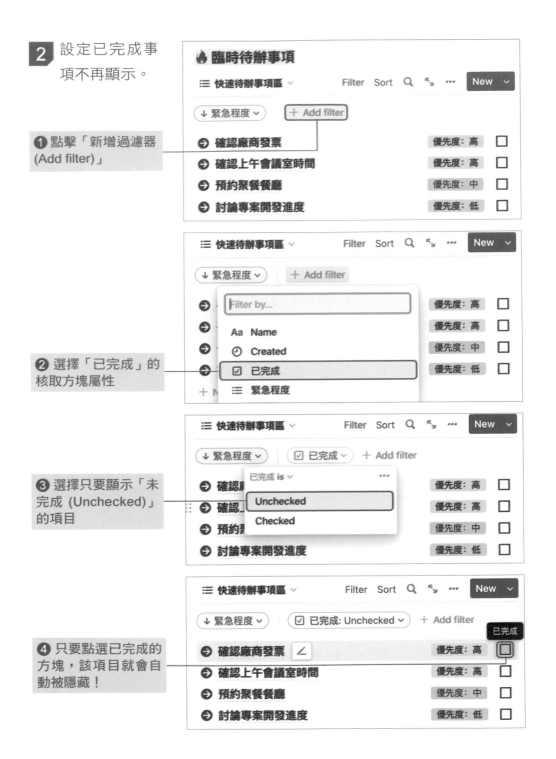

❶ 點擊「新增過濾器 (Add filter)」

❷ 選擇「已完成」的核取方塊屬性

❸ 選擇只要顯示「未完成 (Unchecked)」的項目

❹ 只要點選已完成的方塊,該項目就會自動被隱藏!

9-5 第五步：建立「靈感記錄區」

目標實作完成品：快速記錄閃過腦袋的想法與靈感。

新增清單資料庫

1 新增標題，樣式可以依照個人喜好設定。

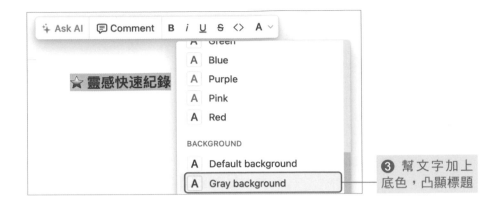

③ 幫文字加上
底色，凸顯標題

2 新增**清單資料庫 (List view)**。

① 新增

② 因沒有現
存可以帶入
的資料，所
以選擇建立
新的資料庫

3 直接點擊系統自動產生的頁面，編輯屬性內容，加入**主題**的標籤分類。

① 點擊圖示
進行編輯

② 更改
屬性名稱

③ 新增
標籤內容

4 新增個人化圖示。

① 點擊最
前方圖示

完成後如下圖：

9-6 第六步：建立「自定義快捷按鈕」

目標實作完成品：一鍵新增「待辦事項」與「靈感」的項目模板。

製作按鈕區塊

設計上我把按鈕放在「臨時待辦事項區」的上方，所以我們回到右方欄位的最上方開始實作。

從上方新增按鈕區塊

1 因為我們有兩個按鈕區塊，所以需要先將第一行形式改為 **2 個欄位 (2 Columns)**。

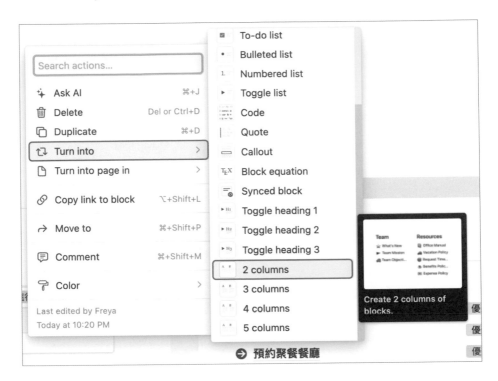

2 先在左邊欄位使用**強調 (Callout)** 的文字形式製作特殊的框線區域，一開始系統自動生成的底色為灰色，此時我們只要將底色改為**預設背景 (Default background)**，就可以製作出底色為白色的框線區域。

❷ 選取後點擊右鍵

❸ 選擇「顏色 (Color)」

❹ 選擇「預設背景 (Default background)」

設定完成後的樣式如右：

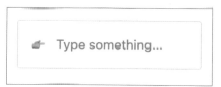

3 更改個人化圖示，並複製至右邊欄位。

❶ 點擊可以更換圖示

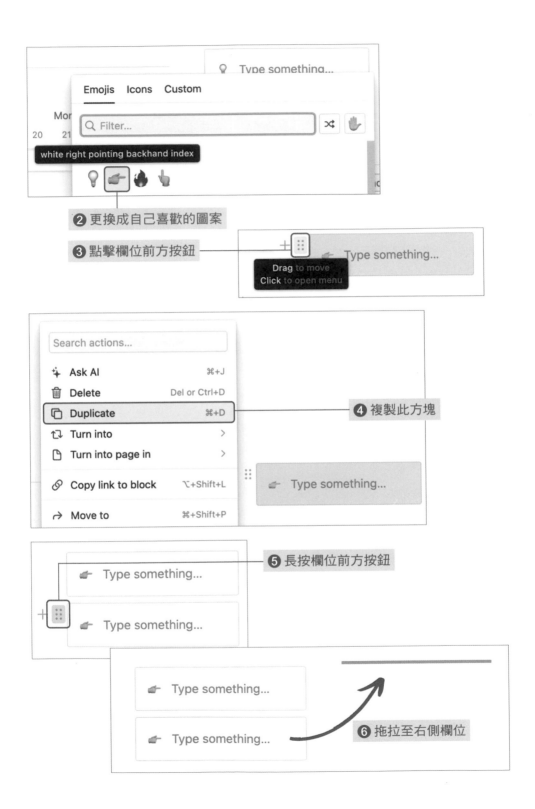

完成區塊的外框，
如右圖所示：

4 新增按鈕區塊的標題文字。

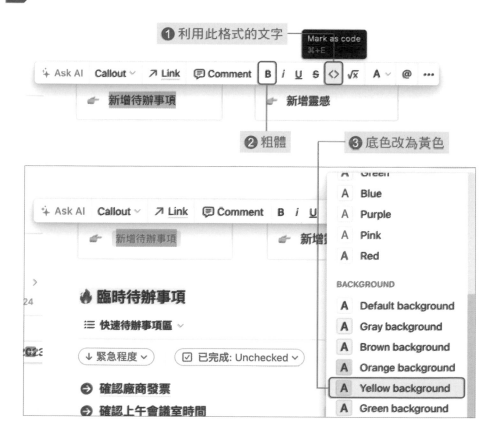

新增「待辦事項區」按鈕

1 先在區塊外面新增按鈕功能。

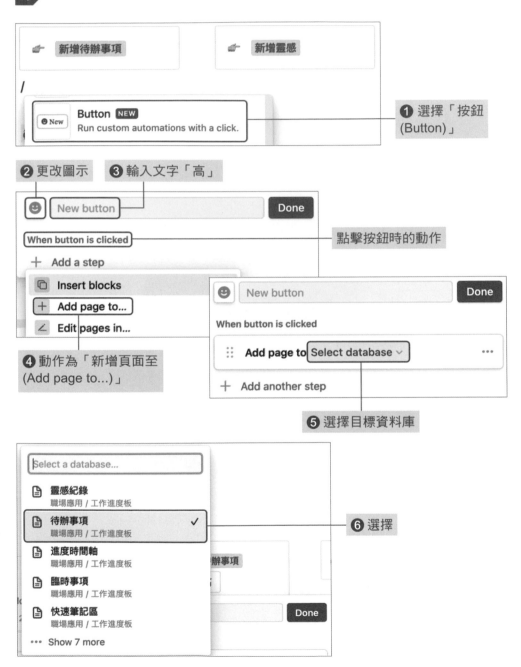

❶ 選擇「按鈕 (Button)」

❷ 更改圖示

❸ 輸入文字「高」

點擊按鈕時的動作

❹ 動作為「新增頁面至 (Add page to...)」

❺ 選擇目標資料庫

❻ 選擇

❽ 選擇按鈕對應要新增的標籤

❼ 點擊

以製作一個「優先度：高」的按鈕來舉例說明：

製作「優先度：高」的按鈕，故文字重新命名為「高」

目標是新增新的頁面到「臨時待辦事項」的資料庫中

因為是「新增項目」的按鈕，所以將圖示改為「＋」

新增以「緊急程度」為主的屬性項目

選擇「優先度：高」的標籤

完成後按鈕會呈現如右：　＋ 高

點擊後就會在「臨時待辦事項」區中，看到一個新項目：

🔥 臨時待辦事項

≡ 快速待辦事項區 ⌄

待辦事項

➜ 確認廠商發票　　　　　　　優先度：高　☐
➜ 確認上午會議室時間　　　　優先度：高　☐
📄 Untitled　　　　　　　　　優先度：高　☐
➜ 預約聚餐餐廳　　　　　　　優先度：中　☐
➜ 討論專案開發進度　　　　　優先度：低　☐
＋ New

透過按鈕新增的待辦事項

2 將「按鈕本體」與
「按鈕區塊」結合，
並利用「複製」功能
快速新增其他按鈕。

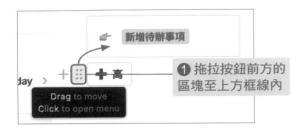

❶ 拖拉按鈕前方的
區塊至上方框線內

❷ 拉至標題下方的
區域 (藍色線位置)

❸ 點擊按鈕後進行
複製按鈕

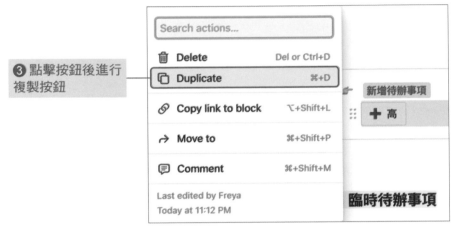

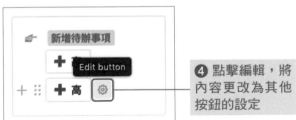

❹ 點擊編輯，將
內容更改為其他
按鈕的設定

　　依序將複製出來的按
鈕，將內容修改為優先度
「中」與「低」後，即可
完成此區塊，如右圖所示：

新增「靈感記錄區」按鈕

1 先在區塊外面新增按鈕功能。

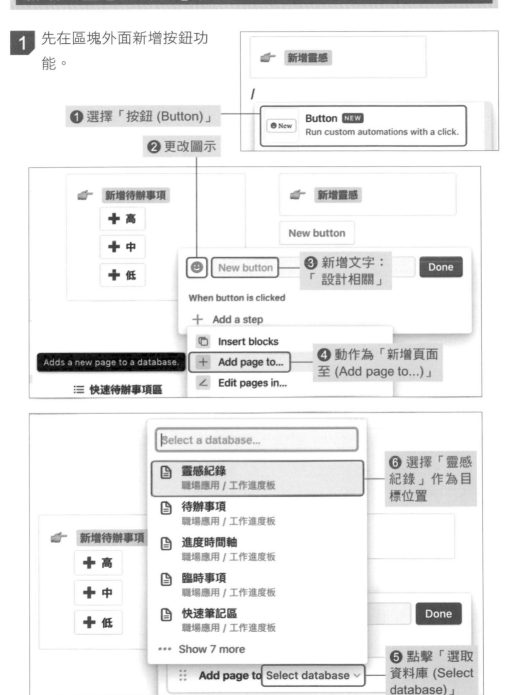

① 選擇「按鈕 (Button)」

☞ 新增靈感

/

Button NEW
Run custom automations with a click.

② 更改圖示

③ 新增文字：「設計相關」

New button

When button is clicked

╋ Add a step

☐ Insert blocks

╋ Add page to...

Adds a new page to a database.

∠ Edit pages in...

④ 動作為「新增頁面至 (Add page to...)」

☰ 快速待辦事項區

☞ 新增待辦事項
╋ 高
╋ 中
╋ 低

Select a database...

📄 靈感紀錄
職場應用 / 工作進度板

📄 待辦事項
職場應用 / 工作進度板

📄 進度時間軸
職場應用 / 工作進度板

📄 臨時事項
職場應用 / 工作進度板

📄 快速筆記區
職場應用 / 工作進度板

••• Show 7 more

⑥ 選擇「靈感紀錄」作為目標位置

Done

Add page to Select database ∨

⑤ 點擊「選取資料庫 (Select database)」

完成其他細節設定：

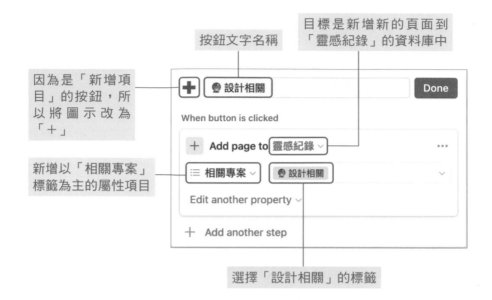

按鈕文字名稱

目標是新增新的頁面到「靈感紀錄」的資料庫中

因為是「新增項目」的按鈕，所以將圖示改為「＋」

新增以「相關專案」標籤為主的屬性項目

選擇「設計相關」的標籤

2 將按鈕拖拉進按鈕區塊內，複製按鈕並修改為其他專案標籤，即可完成。

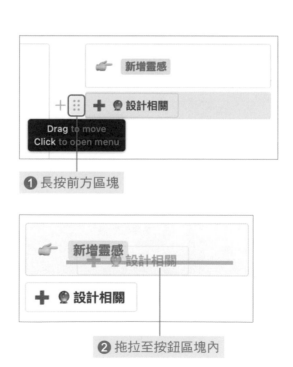

❶ 長按前方區塊

❷ 拖拉至按鈕區塊內

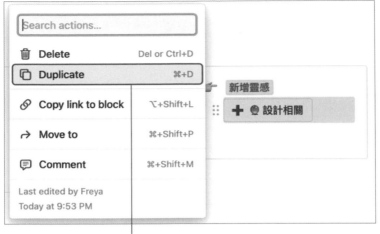

❸ 複製按鈕

依序將複製出來的按鈕,將內容修
改為「對外溝通相關」與「每季主
題活動」後,即可完成此區塊,如
右圖所示:

當我們點擊「每季主題活動時」,靈感快速紀錄區就會出現下方的新
項目:

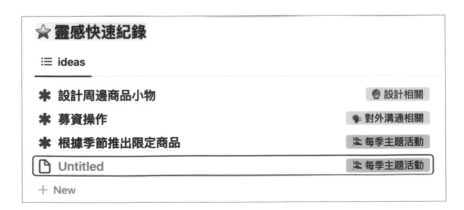

新增工作項目

　　點擊「專案時程表」和「專案進度板」的兩個區塊，就可以開始新增內容，因為此兩個資料庫是同一個，故只要在兩處選擇一處新增後，另一個看板就會顯示出來相對應的內容。

點擊新增項目

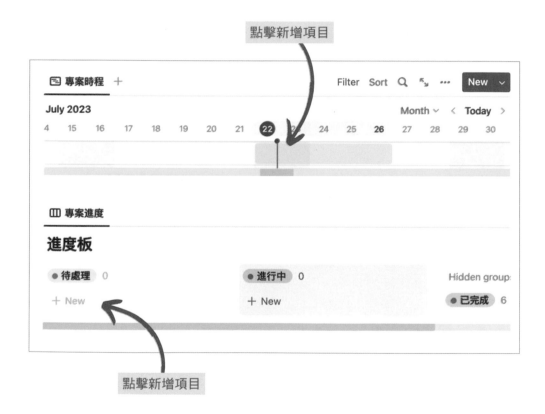

點擊新增項目

　　舉例來說，我在「待處理」的類別中，新增了一張卡片，上方的專案時程表，就會出現這張卡片的對應工作期。

❶ 點擊進去卡片內，新增資訊

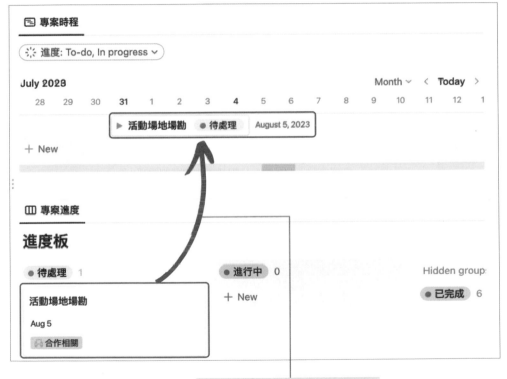

❷ 上方即會出現同一張卡片，
只要更新一個地方的資訊，兩
個資料庫會同時更新資訊

新增待辦事項與靈感

　　將在手邊的待辦事項與閃過腦中的靈感，透過設定好的按鈕一鍵快速記錄下來，點擊按鈕後就可以在下方的對應區塊內找到新增的項目，並把細節記錄下來。

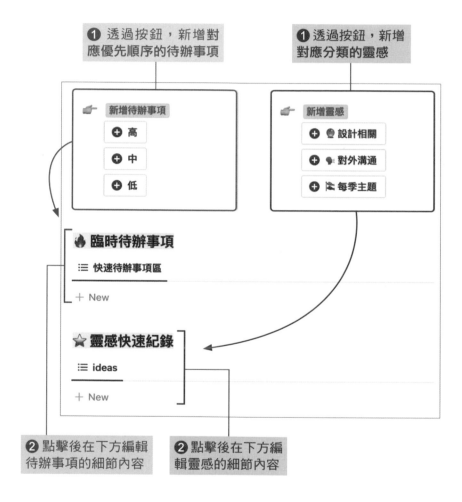

❶ 透過按鈕，新增對應優先順序的待辦事項

❶ 透過按鈕，新增對應分類的靈感

❷ 點擊後在下方編輯待辦事項的細節內容

❷ 點擊後在下方編輯靈感的細節內容

第 10 章

GTD 時間管理系統

進階篇應用：GTD 時間管理系統

Goal 將學習到的 Notion 技巧

- **資料庫功能** (Table / Calendar / Board)
- **過濾與排序功能** (Filter / Sort)

本章節所使用的 Notion 模板連結 [註1]：

中級篇我們製作了「工作管理看板」，如果你已經非常熟練且準備好往更進階的工作管理方法前進，進階篇的「GTD 時間管理系統」將讓你工作管理能力更上層樓！

GTD 時間管理系統主要會分成七大區塊「收件夾 (Inbox) 看板、今日 / 本週待辦事項看板、協作中看板、未來事項看板、工作日曆、專案計畫看板、潛在資料與想法看板」，這些區塊各自的功能應用與目的說明如下：

區塊	功能應用	目的
收件夾 (Inbox) 看板	列表資料庫 (Table) 過濾器功能 (Filter)	收集想法、靈感、工作事項
今日 / 本週待辦事項看板	列表資料庫 (Table) 過濾器功能 (Filter) 排序功能 (Sort)	篩選出最緊急、最重要且有行動方案的事項
協作中看板	看板資料庫 (Table) 過濾器功能 (Filter)	篩選出目前需要等待協作中的項目，以追蹤並防止遺漏工作項目

▼接下頁

區塊	功能應用	目的
未來事項看板	列表資料庫（Table） 過濾器功能（Filter）	篩選出不能在今天或這週以內完成的事項，作為提醒作用
工作日曆	日曆資料庫 （Calendar）	可以全覽目前的待辦事項，並設置確切需要完成的時間
專案計畫看板	陳列資料庫（Gallery）	針對大型需要有多個行動方案的「專案計畫」，單獨列出並持續完整化
潛在資料與 想法看板	列表資料庫（Table） 過濾器功能（Filter）	篩選出目前暫時無行動方案或想法的內容，當有時間處理或是有新發現時，即可快速建立下一步的行動方案

最終會製作出下方的 GTD 時間管理系統：

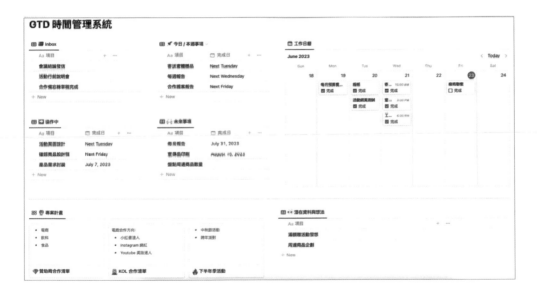

若先拆解各區塊，可以分解成如下方說明：

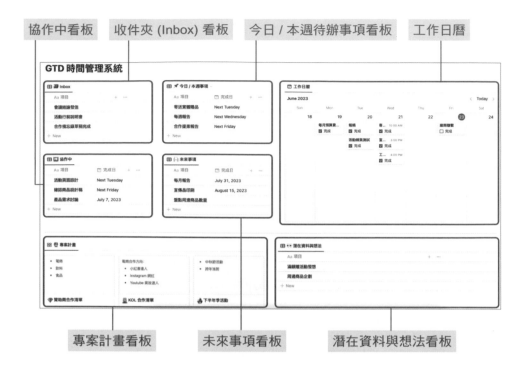

什麼是 GTD 筆記法

GTD 筆記法 (Getting Things Done，簡稱 GTD) 是一種專注於提高生產力的時間管理方法，由 David Allen 在他的書籍《Getting Things Done: The Art of Stress-Free Productivity》[註2] 中提出，GTD 筆記法的核心概念是將工作、想法、靈感等事項，透過嚴謹的判斷與分類，將每一個項目明確分類並產出行動方案，透過 Notion 我們可以將它們分類到特定的列表中，並搭配日曆的顯示，快速地確認工作優先順序進而提升工作效率。

而「GTD 筆記法」有一套完整的分類資訊的步驟與邏輯，需要先熟悉思考步驟後，才能在 Notion 上快速找到對應的功能操作。

註2 中文書名為《搞定！：工作效率大師教你:事情再多照樣做好的搞定 5 步驟》。

GTD 筆記法（Get Things Done）的主要五個思考步驟如下：

1 **收集**：將所有想法和事項收集到一個盒子裡

2 **處理**：確認每個收集到的項目，並決定要採取的下一步行動

3 **組織**：將已處理的項目分配到適當的列表中

4 **回顧**：定期檢查和更新所有列表，確保所有事項都有明確的下一步

5 **執行**：每日根據列表中的重點項目，快速執行

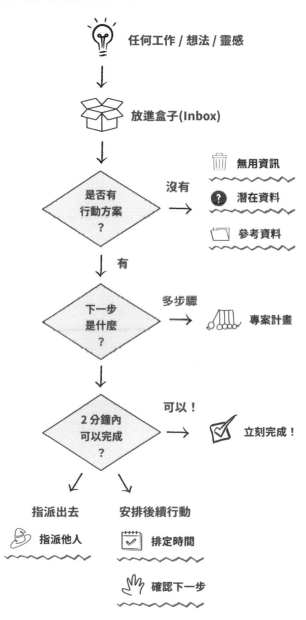

為何需要 GTD 筆記法？

　　GTD 筆記法若應用得宜，可以幫助我們快速將資訊與工作透過系統性的方式進行分門別類，試想在現代資訊複雜度非常高的日常生活中，當大腦隨時都在高速運轉下處理四面八方如雪片般飛來的訊息，我們很快地就會覺得疲乏且無法負荷。而若一開始我們就**在資訊真正進入大腦快速思考之前，先使用 GTD 的邏輯幫資訊分類到正確的盒子裡，只讓大腦處理那些需要當下「可處理、最急迫、最重要」盒子中的項目**時，可以幫助我們提升不少效率！

　　舉一個我在應用 GTD 筆記法前，日常生活中很常發生的情境為例子，很多人可能都有類似的經驗，常常想到一件事情或一個有趣的想法時，即使短時間內沒有更多可能的思考方向或是當下無法處理，但是資訊卻一直佔據大腦中的記憶體，既無法有效推進也無法輕易捨棄腦中的資訊，就一直放到可能突然忘記了，或是就一直放到能夠處理的當下為止，結果這些資訊無法幫助你當下的思考，也無法被有效記錄下來。這樣的情境你是否也歷歷在目？每當這些時候如果你可以透過 GTD 筆記法，先將這些資訊從大腦中提煉出來，分類到該歸屬的盒子裡，就可以釋放出被這些資訊佔據的記憶體，讓大腦能夠全力處理更重要的事情。而提煉出來的資訊即使過陣子回頭看，因為是自己汲思後所記錄下來的文字，所以能夠快速理解當時的想法與資訊。

　　我在日常與工作中實踐了 GTD 筆記法後，讓我的焦慮與煩躁感下降許多，工作上因為需要同時處理龐雜的資訊與思考非常多的問題，因此常讓我的大腦處於多工且高速運轉狀態，久了之後逐漸覺得身心靈難以負荷，導致整體工作效率下滑。原因是因為在處理當下事情的時候，就焦慮地想著下一件事情的內容，或是容易被其他正在發生的事件擾亂思緒，而 GTD 筆記法完美地讓我找到大腦的舒適圈，只要不是被歸類在「可處理、最急

迫、最重要」盒子中的項目，都無法佔據我的大腦記憶體，加上 Notion 筆記系統的結合與應用讓我對事情的掌握度更高，建立了強大的安全感，讓我不用急著思考暫時不需要處理的事項，因為這些資訊都已經被我有效地提煉出來，放在接下來需要被處理的盒子中。

GTD 筆記法已經來到職場應用比較進階的單元，中級篇的「工作管理系統」屬於比較容易上手與建立個人模板的 Notion 應用，若針對中級篇的內容掌握程度已經很高也能流暢應用，覺得可以再持續精進的話就可以嘗試實作 GTD 筆記法。**雖然進階篇是以職場應用作為範例，但是「Get Things Done」的思維邏輯與 Notion 看板，若要應用在生活中的其他領域也完全沒問題**，例如：自媒體 / 社群經營管理版、代購經營管理版、語言學習管理版等，生活各方面都可以運用相同的概念，讓人生中的重要大專案透過系統化管理的方式，穩定且持續地往最終目標邁進！

GTD 筆記法 X Notion 筆記軟體 = GTD 時間管理系統

當 GTD 筆記法結合 Notion 時，對應的邏輯與概念如下方對照表，透過下方解說圖，可以知道 GTD 筆記法的每一段思考邏輯應用在 Notion 上時會對應到的功能與操作，並可歸納出三個主要的脈絡：

● 將任何想法 / 靈感 / 工作項目都先加入「Inbox 資料庫」，概念上「Inbox 資料庫」是一個收集盒的形式，先將所有內容收進盒子裡，再進行後續細部的分類作業

● 明確分類各個項目的「類別」與「具體的行動日期」

● 協作中的事項也需要獨自一個分類，且同樣放上「具體行動日期」，確保協作的雙方或多方不會掉球

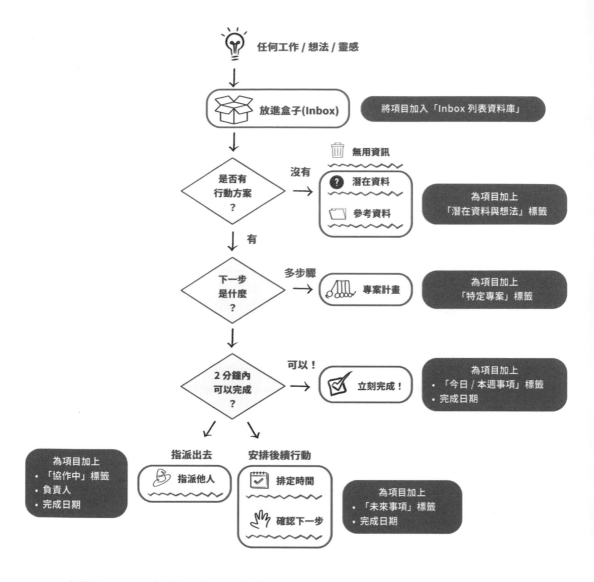

透過 Notion 資料庫功能，加上屬性與過濾器的設定，可以建立明確的行動日期與作法，讓你打造屬於自己的時間管理系統，在大致上理解整體概念後，接著將進到頁面實作的部分。

10-1 第一步：建立頁面

1 新增頁面後，透過右上角的「…」將頁面設定變更為**小標題 (Small text)** 和**全幅頁面 (Full width)**。

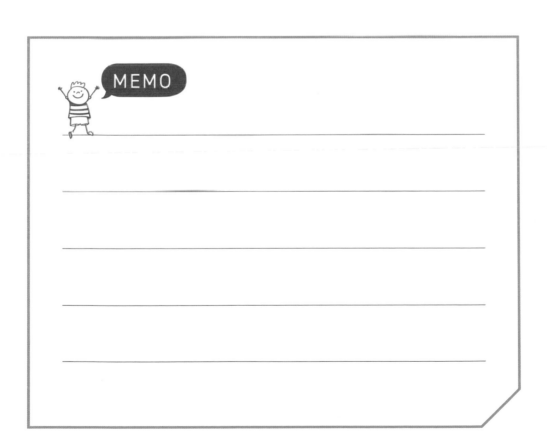

10-1 第二步：建立「四大看板」

建立「Inbox」看板

1 切分欄位：將頁面切分成三個欄位（如下圖）。

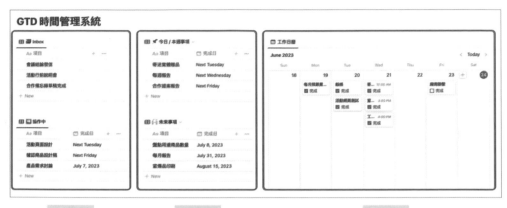

欄位 1　　　　　欄位 2　　　　　　　　欄位 3

❶ 選擇 3 個欄位

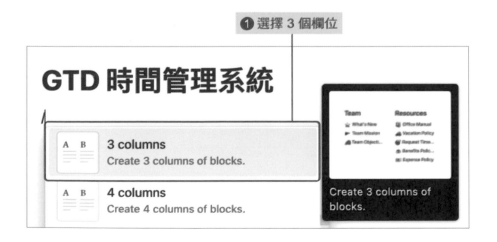

2 新增**列表資料庫 (Table)**。

❶ 新增「列表資料庫 (Table)」

新增資料庫屬性與顯示

在這次的資料庫我們會有的屬性資料如下方説明,這些屬性能夠幫助我們去分類每個項目的類型,而項目透過這些分類就能夠顯示在不同的看板上,接著我們往下依序來做屬性的設定:

預計需要完成 / 計畫完成的日期

項目的分類 (會用來分辨項目處理的優先順序)

完成的狀態

是否歸屬於特定的大型專案

目前正在處理的負責人 (可能是自己或是協作的夥伴)

📖 完成日

❶ 點擊空白處的「開啟 (OPEN)」可以進到屬性編輯頁面

❷ 即可在此處編輯此資料庫的屬性資料

點擊後會在頁面右側開啟子頁面

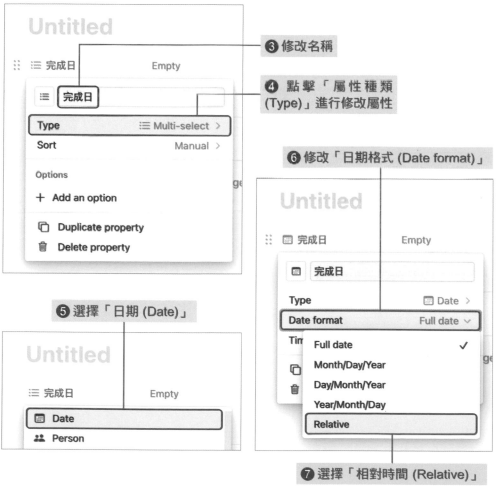

❸ 修改名稱

❹ 點擊「屬性種類 (Type)」進行修改屬性

❻ 修改「日期格式 (Date format)」

❺ 選擇「日期 (Date)」

❼ 選擇「相對時間 (Relative)」

📖 分類

❶ 選擇「新增屬性 (Add a property)」

❷ 選擇「單選標籤 (Select)」

❸ 重新命名為「分類」

❹ 選擇「新增選項 (Add an option)」

❻ 點擊「+」繼續新增

❺ 新增「今日 / 本週事項」標籤

❼ 依序完成四種標籤

📖 完成方塊

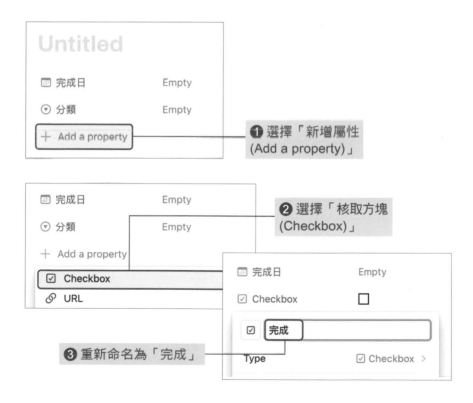

❶ 選擇「新增屬性 (Add a property)」

❷ 選擇「核取方塊 (Checkbox)」

❸ 重新命名為「完成」

📖 專案

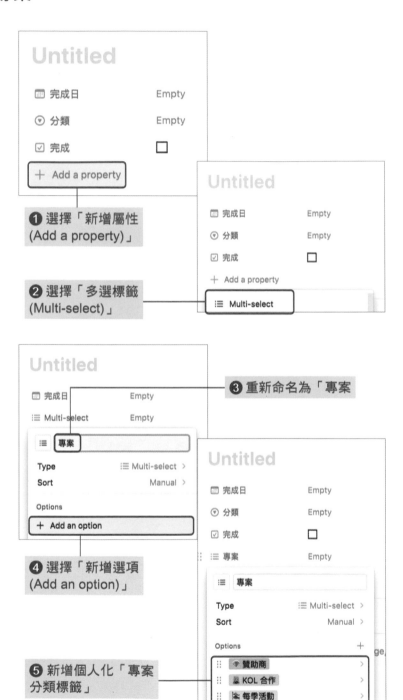

❶ 選擇「新增屬性 (Add a property)」

❷ 選擇「多選標籤 (Multi-select)」

❸ 重新命名為「專案

❹ 選擇「新增選項 (Add an option)」

❺ 新增個人化「專案分類標籤」

📖 負責人 (PIC)

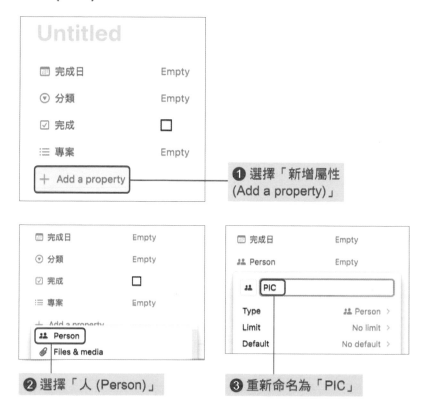

❶ 選擇「新增屬性 (Add a property)」

❷ 選擇「人 (Person)」

❸ 重新命名為「PIC」

　　屬性建立完成後的下一步,就是要調整資料庫的顯示內容。首先先複習一下 Inbox 資料庫存在的主要目的是「將閃過腦中的想法放進盒子裡」,因此 Inbox 資料庫是設計來**「快速記錄想法與待辦事項」**,此時的想法與待辦事項大多不會有太多的額外資訊,因此資料庫的內容會以**「越簡潔越好」**的方向做設計,而為了讓 Inbox 資料庫能更精簡地顯示必要的資訊、不讓過多的資訊干擾畫面,我們可以透過**屬性顯示與否 + 過濾器篩選顯示特定資訊**的功能來達到我們要的目的,例如本次範例模板中的樣式,我們僅需要顯示符合以下條件的項目:

● **屬性欄位**:僅需要顯示「項目名稱」

● **過濾器**:顯示屬性「完成日」、「專案」標籤、「分類」標籤這些尚未有內容的項目

故我們可以這樣做設定：

1 編輯屬性欄位顯示內容。

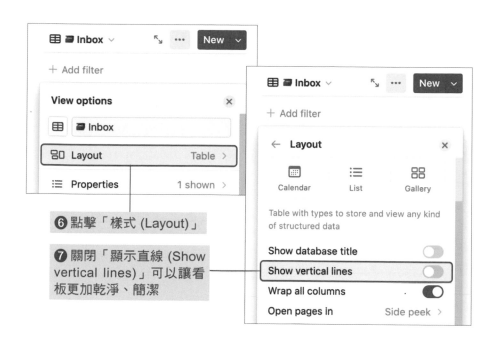

⑥ 點擊「樣式 (Layout)」

⑦ 關閉「顯示直線 (Show vertical lines)」可以讓看板更加乾淨、簡潔

2　編輯「過濾器」。

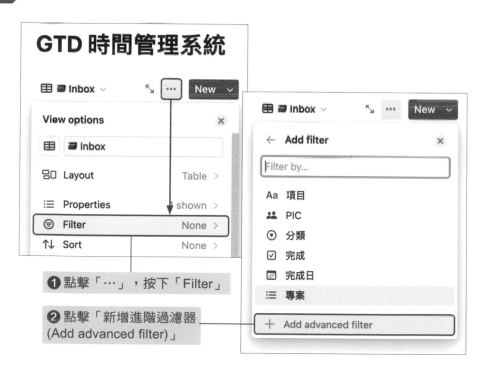

GTD 時間管理系統

❶ 點擊「⋯」，按下「Filter」

❷ 點擊「新增進階過濾器 (Add advanced filter)」

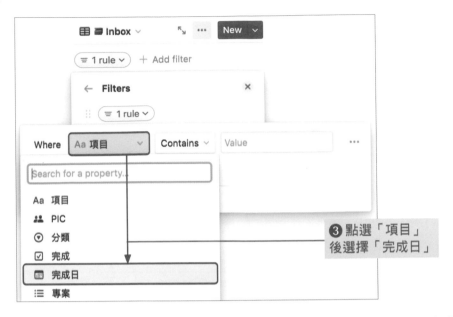

③ 點選「項目」
後選擇「完成日」

接下來的設定步驟會有比較多複雜的邏輯，若這部分覺得比較難理解，可以先到此段落最後的「Tip」中了解相關知識後，再回來此步驟接續實作下去。

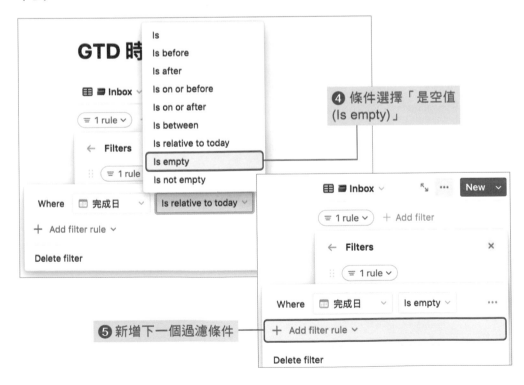

④ 條件選擇「是空值（Is empty）」

⑤ 新增下一個過濾條件

⑥ 新增過濾條件

⑦ 篩選項目選擇「分類」，條件一樣選擇「是空值 (Is empty)」

⑧ 新增過濾條件

⑨ 篩選項目選擇「專案」，條件一樣選擇「是空值 (Is empty)」

完成後的三個篩選器

Tip 過濾器功能的邏輯詳解

當我們使用過濾器功能時，會出現程式碼的語法設定邏輯，對大多數人來說可能比較少接觸過或是完全沒看過，若對這塊內容比較不熟悉的話，可以透過下方的說明簡單了解整體的定義與撰寫方式，後續在設定過濾器時就能更流暢。

選擇過濾器功能時，首先會先出現右方這樣的邏輯：

▼接下頁

- **Where**：後面會接著你要篩選的條件，可以理解為「我要篩選，當條件符合 X 時」，為第一層的指令條件。

- **And**：接續第一層的條件，繼續疊加上去的條件，可以理解為「除了 Where 有的第一層條件外，我要再加入 Y」，即為「交集」的概念。

- **And**：從第二層開始的「And」可以無限延伸下去，接續上面的層級，持續疊加條件下去，可以理解為「除了 Where 有的第一層條件外，額外再加入 Y 後，我要再加入 Z」。

如果能夠理解上面的內容，後續選擇過濾器的功能時，過濾器會針對所選擇之「目標的屬性」顯示對應可以有的篩選邏輯，例如下方當我們選擇的內容是「文字項目」時，篩選器就會自動跑出關於「文字項目」可以選擇的選項：

❶ 等於　　　❺ 開始為...
❷ 不等於　　❻ 結束為...
❸ 包含　　　❼ 內容目前是空的
❹ 不包含　　❽ 內容目前不是空的

▼接下頁

若指定的對應屬性為「日期」，則會出現下方的選項：

- 第一層：可以針對日期的「開始日期」或是「結束日期」為目標設定篩選邏輯。

- 第二層：根據第一層選擇的項目，決定要篩選的運算邏輯。

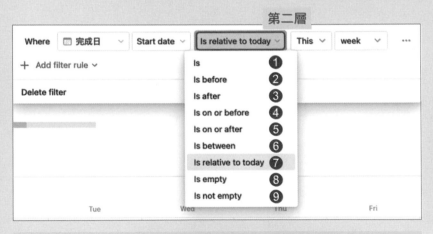

❶ 等於　　　　❹ 等於或在...之前　　❼ 相對於今天
❷ 在...之前　　❺ 等於或在...之後　　❽ 內容目前為空的
❸ 在...之後　　❻ 在...之間　　　　　❾ 內容目前不為空的

- 第三層：最後決定具體要計算與篩選的對應日期。

▼接下頁

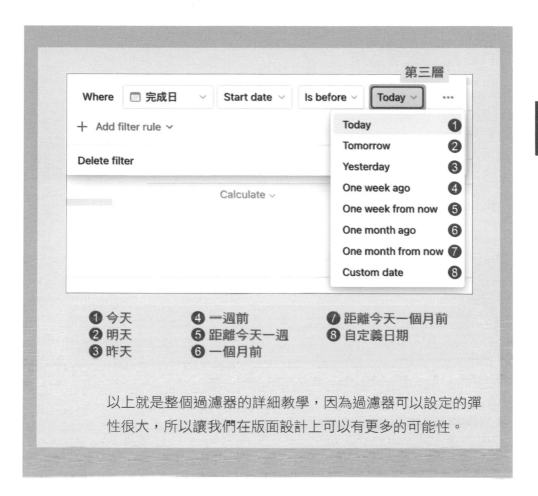

❶ 今天　　　　❹ 一週前　　　　❼ 距離今天一個月前
❷ 明天　　　　❺ 距離今天一週　❽ 自定義日期
❸ 昨天　　　　❻ 一個月前

　　以上就是整個過濾器的詳細教學，因為過濾器可以設定的彈
性很大，所以讓我們在版面設計上可以有更多的可能性。

新增「今日 / 本週待辦事項看板」

1 於右側的第二個欄位進行編輯與新增「列表資料庫」，在此「GTD 時間管理系統」中，所有的資料庫來源都會使用「INBOX」資料庫，因為我們會將所有項目資料都收集進去，再透過標籤的方式進行分類。

意即只要項目資料在任一看板中進行資料變更時，所有的看板資訊就會一起同步，不需要重複更新或是手動同步不同的看板。

第二個欄位位置

❶ 新增「列表資料庫 (Table view)」

❷ 選擇「INBOX」做為資料庫來源

❸ 選擇「新的顯示方式 (New empty view)」

2 設定資料庫格式，其中將**自動換行 (Wrap all collumns)** 打開時，資訊與文字集會自動換行，可以依照個人喜好開啟或關閉。

❶ 點擊「…」

❷ 關閉資料庫標題
關閉表格的直線
開啟自動換行

自動換行功能示意圖：

開啟「自動換行」時　　　關閉「自動換行」時

3 調整屬性顯示、設定過濾器與排序。

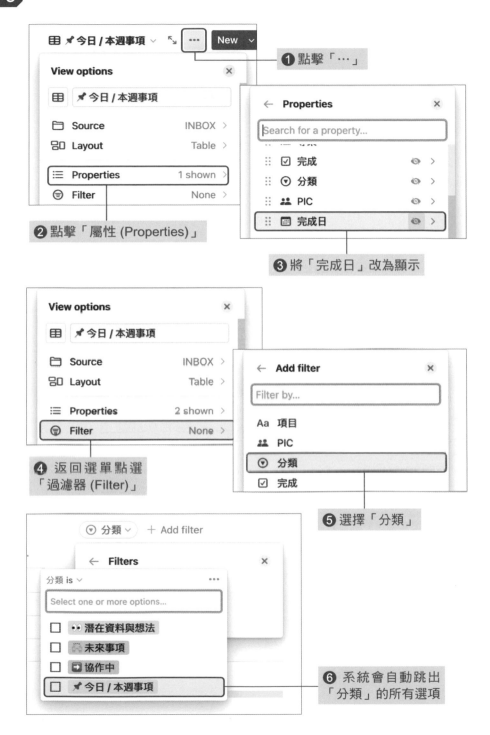

❶ 點擊「…」

❷ 點擊「屬性 (Properties)」

❸ 將「完成日」改為顯示

❹ 返回選單點選「過濾器 (Filter)」

❺ 選擇「分類」

❻ 系統會自動跳出「分類」的所有選項

❼ 選擇「今日 / 本週事項」

❽ 回到上一頁選擇「排序 (Sort)」

❾ 依照「完成日」排序

❿ 選擇「升冪排列」

GTD 時間管理系統

設定好的「分類」過濾器

設定為「顯示」的屬性欄位

4 此區塊只想要追蹤尚未完成的項目，故可以透過「過濾器」再次設定只顯示「未完成」的項目。

● 滑到最右側可以找到「新增過濾器 (Add filter)」的快捷鍵

❷ 選擇「完成」的核取方塊項目

❸ 選擇顯示「未完成 (Unchecked)」項目

5 完成「今日 / 本週待辦事項看板」！

新增「協作中看板」

1 於左側欄位的下方進行新增**列表資料庫 (Table view)**。

「左側下方欄位」位置

❶ 新增「列表資料庫 (Table view)」

❷ 同樣選擇「INBOX」做為資料庫來源

❸ 選擇「新的顯示方式 (New empty view)」

2 設定資料庫格式。

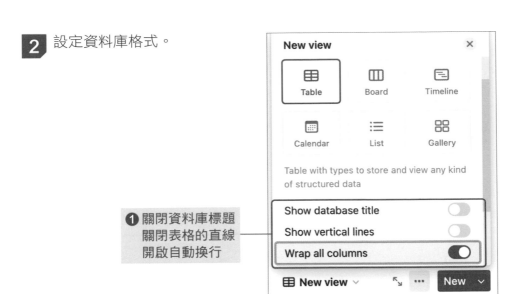

❶ 關閉資料庫標題
　　關閉表格的直線
　　開啟自動換行

3 回到上一頁面調整屬性顯示、設定過濾器與排序。

❶ 將名稱改為「協作中」

❷ 點擊「屬性 (Properties)」

❸ 將「PIC」和「完成日」改為顯示

❹ 返回選單點選「過濾器 (Filter)」

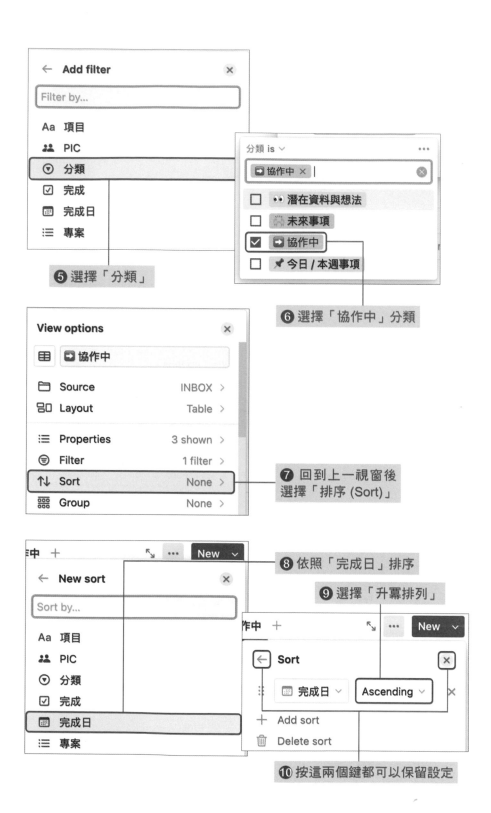

4 此區塊只想要追蹤尚未完成的項目，故可以透過「過濾器」再次設定只顯示「未完成」的項目。

❶ 滑到最右側可以找到「新增
過濾器 (Add filter)」的快捷鍵

❷ 選擇「完成」的核取方塊項目

❸ 選擇顯示「未完成
(Unchecked)」項目

5 完成「協作中」看板！

新增「未來事項看板」

1 於右側欄位的下方進行新增**列表資料庫 (Table view)**。

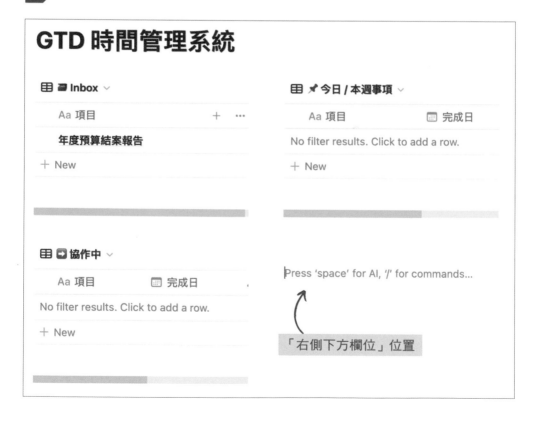

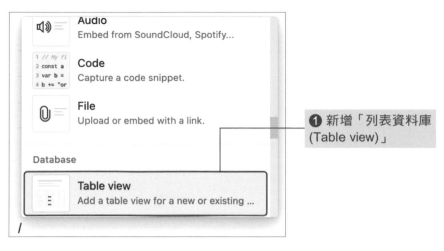

❶ 新增「列表資料庫
(Table view)」

❷ 同樣選擇「INBOX」
做為資料庫來源

❸ 選擇「新的顯示方式
(New empty view)」

2 設定資料庫格式。

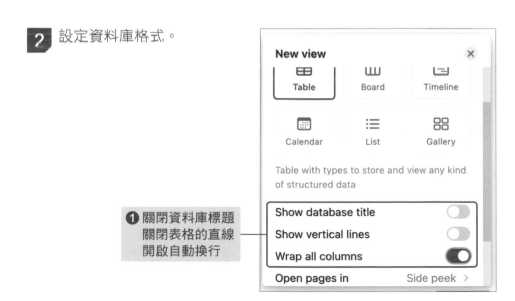

❶ 關閉資料庫標題
關閉表格的直線
開啟自動換行

3 調整屬性顯示、設定過濾器與排序。

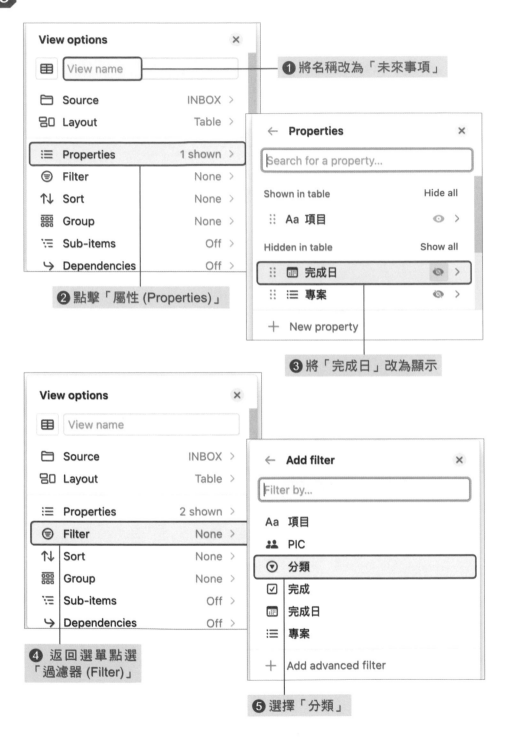

View options ✕

⊞ View name ─────── ❶ 將名稱改為「未來事項」

🗀 Source　　　INBOX ＞

⊟ Layout　　　Table ＞

☰ Properties　　1 shown ＞

◉ Filter　　　None ＞

↑↓ Sort　　　None ＞

▦ Group　　　None ＞

☱ Sub-items　　Off ＞

↳ Dependencies　Off ＞

❷ 點擊「屬性 (Properties)」

← **Properties**　　✕

Search for a property...

Shown in table　　　Hide all

⠿ Aa 項目　　　👁 ＞

Hidden in table　　Show all

⠿ 🗓 完成日　　👁 ＞

⠿ ☱ 專案　　　👁 ＞

＋ New property

❸ 將「完成日」改為顯示

View options ✕

⊞ View name

🗀 Source　　　INBOX ＞

⊟ Layout　　　Table ＞

☰ Properties　　2 shown ＞

◉ Filter　　　None ＞

↑↓ Sort　　　None ＞

▦ Group　　　None ＞

☱ Sub-items　　Off ＞

↳ Dependencies　Off ＞

❹ 返回選單點選「過濾器 (Filter)」

← **Add filter**　　✕

Filter by...

Aa 項目

👥 PIC

◉ 分類

☑ 完成

🗓 完成日

☱ 專案

＋ Add advanced filter

❺ 選擇「分類」

⑥ 選擇「未來事項」分類

⑦ 選擇「排序 (Sort)」

⑧ 依照「完成日」排序

⑨ 選擇「升冪排列」

4 此區塊只想要追蹤尚未完成的項目，故可以透過「過濾器」再次設定只顯示「未完成」的項目。

❶ 滑到最右側可以找到「新增過濾器 (Add filter)」的快捷鍵

❷ 選擇「完成」的核取方塊項目

❸ 選擇顯示「未完成 (Unchecked)」項目

5 完成「未來事項」看板！

Aa 項目	完成日
月報	July 31, 2023
盤點周邊商品數量	August 31, 2023

10-3 第三步：建立「工作日曆」

建立工作日曆看板

1 在最右方的第三的欄位新增**日曆資料庫 (Calendar view)**。

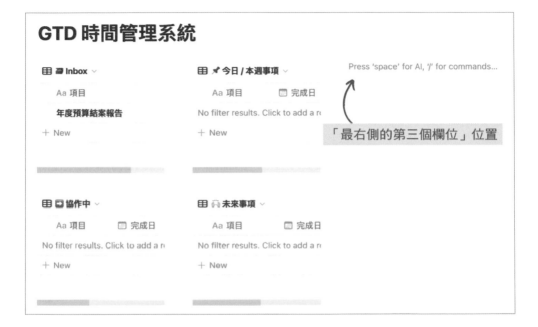

1 新增「日曆資料庫 (Calendar view)」

❷ 同樣選擇「INBOX」做為資料庫來源

❸ 選擇「新的顯示方式 (New empty view)」

2 設定「日曆資料庫」格式。

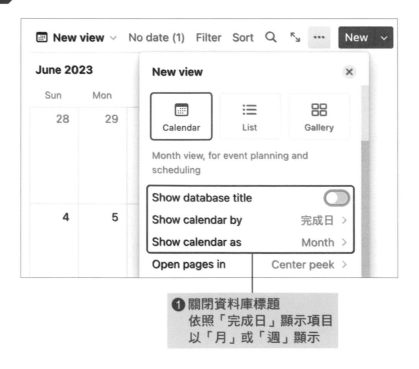

❶ 關閉資料庫標題
依照「完成日」顯示項目
以「月」或「週」顯示

3 編輯屬性顯示。

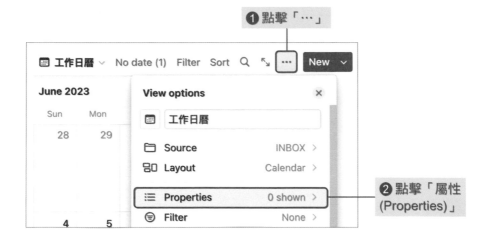

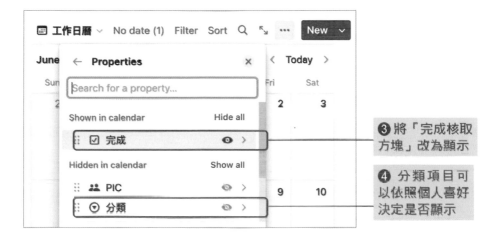

分類項目顯示與否的優點如下示意圖：

- **顯示**：畫面相對簡潔
- **不顯示**：可以知道項目的區別

顯示「分類項目」時

不顯示「分類項目」時

4 完成「工作日曆看板」！

Tip 針對畫面較小的裝置更改欄位配置

目前為止完成的「四大看板」與「工作日曆看板」是以左右排列，在小螢幕上會稍嫌擁擠，所以若你的螢幕裝置較小，則可以將日曆的部分拖拉至下方，可以更完整呈現所有資訊。

❶ 拖拉此功能方框至下方

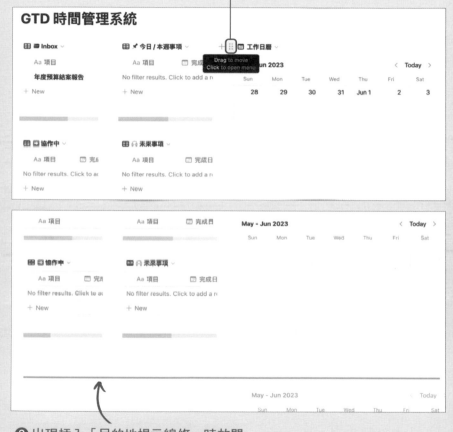

❷ 出現插入「目的地提示線條」時放開

這樣就能放大「日曆資料庫」區塊，讓資訊可以更完整地呈現，不受欄位的大小擠壓之下，所能夠呈現的內容。

第四步：建立「專案計畫看板」

建立「專案計畫」看板

1 建立分隔線：因為往下的區塊開始會是屬於比較大型的專案，或是取用頻率較少的資料區，故我們可以設定一條分隔線，來區分不同的區域。

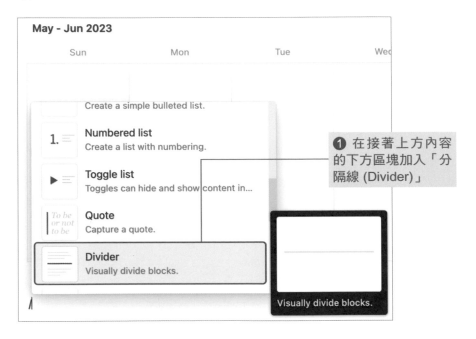

❶ 在接著上方內容的下方區塊加入「分隔線 (Divider)」

2 編輯欄位區塊。

❶ 新增「2 個欄位 (2 columns)」

3 建立陳列資料庫 (Gallery view)。

Database

Table view
Add a table view for a new or existing ...

Board view
Create a kanban board database view.

Gallery view
Create a gallery database view.

❶ 新增「陳列資料庫 (Gallery view)」

Select data source ✕

Link or create a database...

📄 **INBOX**
職場應用 / GTD 時間管理系統

❷ 同樣選擇「INBOX」做為資料庫來源

← **Copy an existing view** ✕

⊞ ▦ Inbox

＋ New empty view

❸ 選擇「新的顯示方式 (New empty view)」

4 設定資料庫格式：卡片大小可以依照個人喜好來選擇。

New view ✕

Table   Board   Timeline

📅   ☰   🔲
Calendar List **Gallery**

Grid of cards, use for mood boards, index cards, and recipes

Show database title ⚪

Card preview   Page content ＞

Card size   Medium ＞

Fit image ⚫

❶ 關閉資料庫標題
　卡片預設顯示「頁面內容」
　卡片大小「中」
　開啟自動配合圖片大小顯示

5 設定屬性顯示與過濾器。

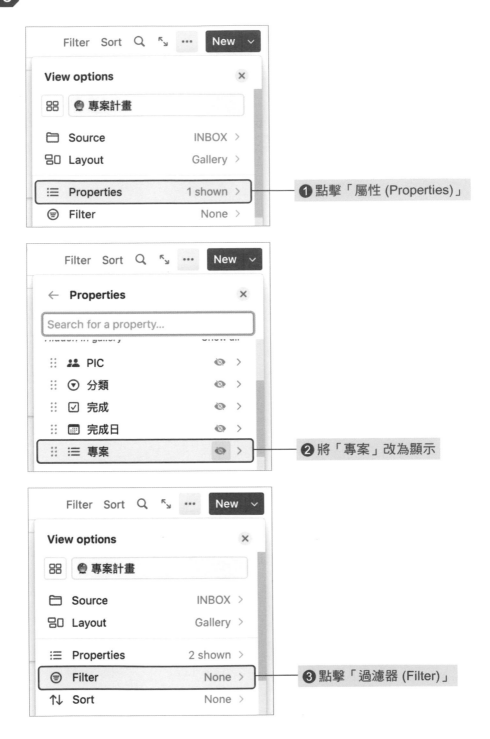

① 點擊「屬性 (Properties)」

② 將「專案」改為顯示

③ 點擊「過濾器 (Filter)」

❹ 點擊「新增進階過濾器
(Add advanced filter)」

❺ 選擇「專案」和「不為
空值時 (Is not empty)」

6 完成「專案計畫」看板！

建立「潛在資料與想法」看板

1 於右側欄位新增**列表資料庫** (Table view)。

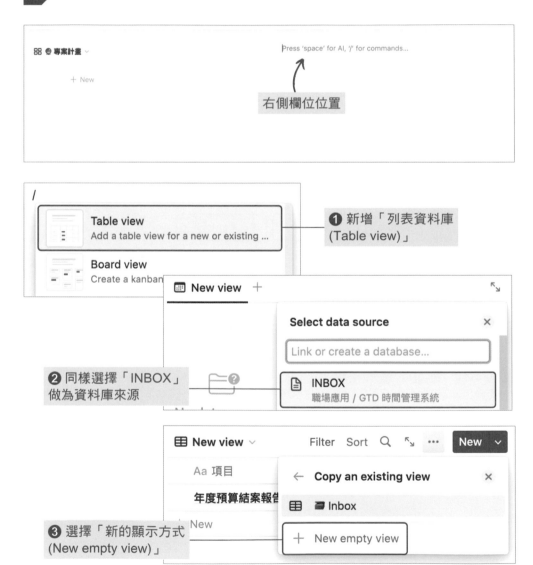

❹ 將名稱改為「潛在資料與想法」

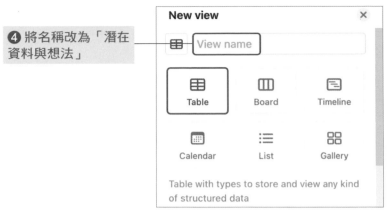

2 設定資料庫格式。

關閉資料庫標題
關閉表格的直線
開啟自動換行

3 設定屬性顯示與過濾器。

❶ 選擇「過濾器 (Filter)」

❷ 選擇「分類」

❸ 選擇「潛在資料與想法」分類

4 完成「潛在資料與想法」看板！

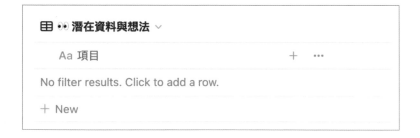

10-6 第六步：開始實作！

完成了所有的看板設定後，接著要進到實作的解說，當我們有一項新的工作項目需要加入到看板時，會進行這樣的操作與思考：

1 在 Inbox 中持續加入新項目。

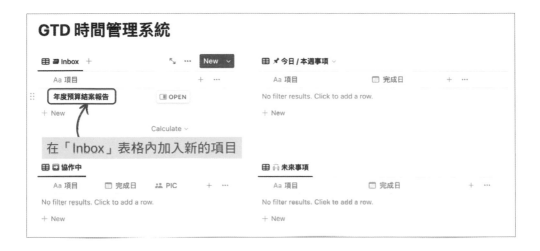

2 是否有行動方案：

- 有 → 分辨為**「專案計畫」**還是為**「需要在近期完成的項目」**，此段會繼續往下推進思考

- 沒有 → 為項目加上**「潛在資料與想法」**的分類標籤，並在此定義完畢

以下方為例，「年度預算結案報告」有近期的行動方案，所以我們會往下推進思考，而「周邊商品企劃」目前暫時無進行執行的想法與時間，所以我們會在這階段先將此任務放上「潛在資料與想法」的標籤，並將此項目定義完成。

有近期行動方案

無近期行動方案

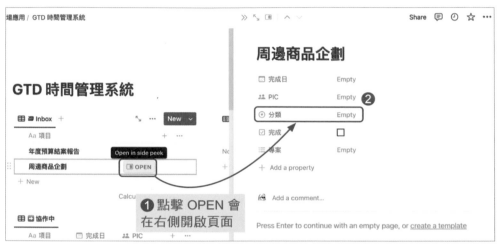

❶ 點擊 OPEN 會
在右側開啟頁面

❸ 選擇「潛在資料與想法」

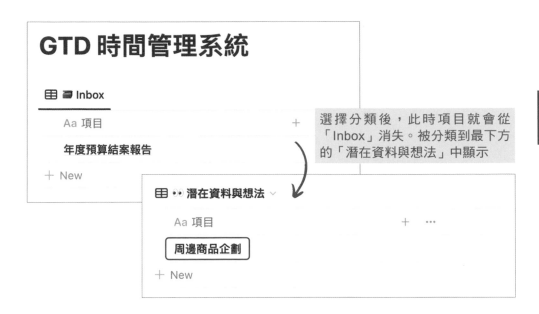

選擇分類後，此時項目就會從「Inbox」消失。被分類到最下方的「潛在資料與想法」中顯示

3 假如項目有行動方案：

- 若為「專案計畫」，則在專案的欄位放上「對應專案計畫」的主題標籤

分類完後就會出現在下方的「專案計畫」的看板中：

- 若為「需要在近期完成的項目」，則需判斷為三者「今日／本週事項」、「協作中」、「未來事項」之中的哪一項，並加上對應的「分類標籤」，還有最重要的「完成日期」，分類完後會呈現如下方示意圖：

在對應的看板項目中，可以由日期近到遠瀏覽項目資訊，並清楚知道各自需要完成的時間點，而尚未被定義的項目就會留在「Inbox」中，等待被分類與定義。

4 搭配日曆完成工作項目。

看板的完成日期會是文字顯示的方式，此時我們可以搭配日曆來看本週、本月需要完成的項目：

完成後，可以將「完成核取方塊」打勾，來幫助自己確認項目是否都已經完成，此方法可以增加時間管理能力，確保項目都有被安排進去且評估時間內能否交付。

5 定期檢查與回顧項目。

除了「四大看板」是每天都需要瀏覽、分類、回顧、執行的之外，別忘了還有「專案計畫」與「潛在資料與想法」的區塊，「專案計畫」是結合多樣行動方案的總集合體，「潛在資料與想法」是我們暫存靈感與想法的地方，當需要新想法刺激時，此區塊就是你的藏寶庫！

定期回頭瀏覽與思考，可以幫助複雜的想法與工作找出脈絡，並梳理出明確的下一步行動方案，讓事情持續推進並在良好的時間掌控下完成，就是 GTD 筆記法成功的關鍵！

MEMO

第 **11** 章

Notion AI 應用

Notion AI：生活與職場應用

Goal 將學習到的 Notion 技巧

- AI 在生活與職場上的情境應用

本章節所使用的 Notion 模板連結^{註1}：

規劃旅遊行程　　語言學習單字本　　會議統整助手

註1 本書提供之範例模板使用方式可以參考「附錄 A：Notion 範例模板使用方式說明」。

11-1 Notion AI 介紹

與 Chat GPT 的差異

Notion AI 是 2023 年最新推出的新功能，與 Chat GPT 的差異主要如下：

差異	Notion AI	Chat GPT
費用	免費版有使用次數上的限制，基本上很快就會用完，所以是一種體驗後強制付費的概念。 • 免費版：只能使用 20 次 • 付費版： 每人每月訂閱，每月 $10 美金 每人每年訂閱，每月 $8 美金	免費版足以應付次數不多或簡單的應用，若需要回應速度更快或更精準的回應，則會建議使用付費版。 • 免費版 • 付費版：每人每月訂閱 $20 美金
優勢	• 可以結合筆記、資訊看板一起協作，完美融合 AI ＋ 筆記的概念，節省很多從 AI 產出資訊到整理變成筆記的時間 • 可以在 Notion 內，利用指令撰寫執行特定動作的 AI 邏輯，例如：「AI 單字本」自動造句的範例，可以針對筆記內容去設定讓 AI 執行特定動作或產出特定內容 • 因為沒有免費版速度較慢的產品差異，所以執行速度相對快速	• 中文理解能力很好，溝通上比較無障礙 • 中文回應的資訊相對完整且到位
劣勢	• 中文理解能力較差，使用英文下指令比較容易正確執行	• 資訊只能留存於平台上，需要複製出來後重新整理過 • 主要透過對話來回獲取資訊

總結來說，Notion AI 主要為了「筆記與工作系統」而設計，在筆記中整合 AI 可以快速查找資訊或是將資訊收斂、整理成更容易閱讀的內容或格式，ChatGPT 則主要為對話式互動為主。

Notion AI 如何購買

　　目前 Notion 和 Notion AI 是兩個不同的付費體系，意即不管你的 Notion 本身是免費還是付費版本，都需要額外購買才可以使用 Notion 的 AI 功能，購買後的 Notion AI 沒有限制使用的流量與功能，只要開通後就可以享受所有的 AI 功能無限次使用。

　　購買方式如下方：

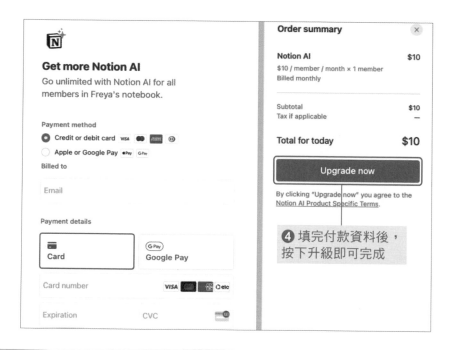

❹ 填完付款資料後，
按下升級即可完成

Tip Notion AI 協作篇

日前 Notion AI 在免費與付費設定上，有這樣的遊戲規則：

- 「免費版」+「免費版」用戶共同編輯頁面時：免費次數的 AI 會疊加在一起計算。

- 「付費版」+「免費版」用戶共同編輯頁面時：若頁面主人是 Notion AI 付費版的使用者，則不論加入的人是否有購買 Notion AI，皆可以在頁面上使用 Notion AI 的功能。

Notion AI 應用情境

針對 Notion AI 的功能與應用情境，簡單羅列出以下內容：

應用方向	情境	目的
生活應用	翻譯、檢查文法拼音等	幫助寫作時快速翻譯語言與檢查錯誤
	撰寫文章	讓 AI 先草擬文章大綱與方向
	規劃旅遊行程	快速統整景點資訊
職場應用	規劃會議日程	列出簡單的會議日程與快速建立表格
	統整會議結論	根據內容提煉出重點大綱
	草擬商業 email	針對內容撰寫 email 草稿
	腦力激盪	針對需要發想的內容，透過 AI 找到幾個可能的方向

接下來會針對上方情境，實作幾項內容，讓大家了解 Notion AI 的應用方式。

系統內建之 AI 指令

首先來看看 Notion AI 的基本功能，在空白頁面操作時，只要按下「空白鍵」，就可以叫出 AI 的指令介面：

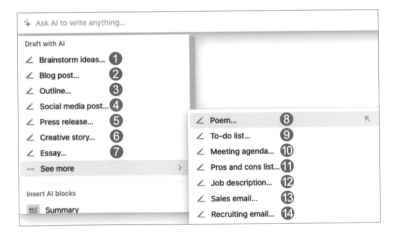

① 腦力激盪　　⑤ 寫新聞稿　　⑨ 列出待辦事項　⑬ 寫推銷信件
② 寫部落格文章　⑥ 寫小故事　　⑩ 寫會議大綱　⑭ 寫招募信件
③ 寫大綱內容　　⑦ 寫文章　　　⑪ 列出優缺點
④ 寫社群文章　　⑧ 寫詩　　　　⑫ 寫職缺說明

當頁面上已經有內容時，Notion AI 會自動讀取頁面的資訊，並顯示不一樣的 AI 功能：

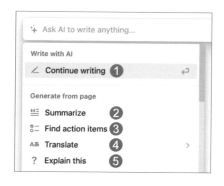
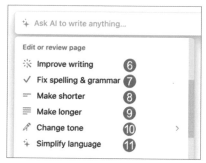

❶ 接著內容繼續寫　　❺ 解釋內容　　　　　❾ 加長內容
❷ 總結內容　　　　　❻ 優化內容　　　　　❿ 修改內容語調
❸ 列出內容的行動方案　❼ 檢查拼字與文法錯誤　⓫ 精簡內容
❹ 翻譯內容　　　　　❽ 縮短內容

> **Tip** 雖然目前介面文字仍是英文的選項，但目前 AI 功能全部皆適用於中文語系。

進階 AI 功能

顧名思義是除了單獨下指定之外，它可以與「資料庫」內容做對應之互動，有下列三種形式：

功能種類	對應圖示	使用方式
AI 自動總結	≣ AI summary	將內容自動統整成大綱
AI 自動擷取資訊	≣ AI key info	透過 AI 擷取內容的特定資訊
AI 自動填入	✨ AI custom autofill	透過 AI 客製化指令內容（透過英文下指令，能有更高的成功率）

此部分與 ChatGPT 最大的不同是，使用 ChatGPT 時，因為本身設計是對話型的溝通方式，所以需要在對話窗裡輸入指令後才會得到回覆。我們在得到想要的資訊後，還需要再將資訊從 ChatGPT 選取複製，移到要整理的檔案或頁面上。這樣一來一回的剪貼步驟，對於使用次數較頻繁的人，可能會覺得些微不便，而透過 Notion AI 就可以直接在同一個頁面上進行 AI 資訊的生成和後續的資料整理。

實際實作上 Notion AI 對於資訊的掌握程度上需要蠻大一段的優化，對於簡單的資訊較容易執行，複雜度相對較高的指令則會常常無法執行到位，而這部分需要看 Notion 官方後續的優化速度，單就 AI 與「筆記 / 工作系統的整合性」來說，還算是好用的工具，但是否值得付費使用，就需要自己評估看看了。

11-2 生活篇

規劃「旅遊行程」

1 輸入空白鍵，即可叫出 Notion AI 指令視窗，輸入旅行需要規劃的內容：

2 Notion AI 產生出來的內容，點擊**完成 (Done)** 可以儲存 AI 自動生成的內容。

3 除了行程之外，同步讓 AI 列出必吃的食物：

透過 Notion AI 已經可以有很粗略的雛形與格式，此時可以透過更多功能，讓行程可以更容易閱讀，或是加上更多延伸的資訊。

4 合併兩個資料內容：
將資料全選後，點擊
呼叫 AI (Ask AI)。

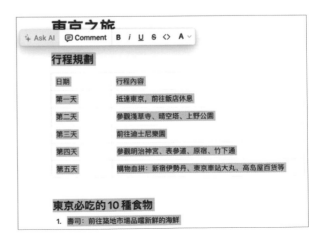

5 輸入合併資料的具體指令，
指令越詳細，越可以更快達
到你想要的結果。

9. 甜點：品嚐日式甜點，如抹茶蛋糕、大福等
10. 章魚燒：在路邊攤上品嚐熱騰騰的章魚燒

✨ 合併兩個資料，將必吃的食物新增在表格的右側

6 AI 就會將資料照著「指令」執行，但可以發現透過 AI 執行後的內容，
大多時候還是需要自行再整理過，或是確認資料的正確性。

基本上，透過 AI 可以縮減一些分散找資料與彙整工作的時間，實際
上都還是需要靠自己再重新編修過，才會是最完整的內容。

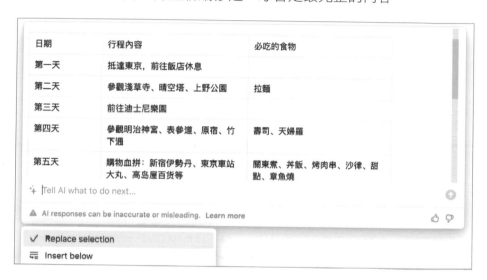

日期	行程內容	必吃的食物
第一天	抵達東京，前往飯店休息	
第二天	參觀淺草寺、晴空塔、上野公園	拉麵
第三天	前往迪士尼樂園	
第四天	參觀明治神宮、表參道、原宿、竹下通	壽司、天婦羅
第五天	購物血拼：新宿伊勢丹、東京車站大丸、高島屋百貨等	關東煮、丼飯、烤肉串、沙律、甜點、章魚燒

✨ Tell AI what to do next...

⚠ AI responses can be inaccurate or misleading. Learn more 👍 👎

✓ Replace selection
☰ Insert below

7 可以透過 AI 指令，持續將資料延伸，把行程所需的相關背景資料透
過 AI 快速整理。

行程規劃

日期	行程內容	必吃的食物
第一天	抵達東京，前往飯店休息	
第二天	參觀淺草寺、晴空塔、上野公園	拉麵
第三天	前往迪士尼樂園	
第四天	參觀明治神宮、表參道、原宿、竹下通	壽司、天婦羅
第五天	購物血拼：新宿伊勢丹、東京車站大丸、高島屋百貨等	關東煮、丼飯、烤肉串、沙律、甜點、章魚燒

✨ 建立新的表格欄位，並列出景點的歷史背景

日期	行程內容	必吃的食物	景點背景
第一天	抵達東京，前往飯店休息		
第二天	參觀淺草寺、晴空塔、上野公園	拉麵	淺草寺是東京最古老的寺廟之一，成立於公元628年；晴空塔是東京塔之後，日本的第二高建築物；上野公園是東京最大的公園之一，內有上野動物園和東京國立博物館。
第三天	前往迪士尼樂園		迪士尼樂園是全球最受歡

✦ Tell AI what to do next...

⚠ AI responses can be inaccurate or misleading. Learn more 👍 👎

✓ Replace selection
⌷ Insert below
∠ Continue writing

製作「語言學習 AI 單字本」

　　透過 AI 可以幫助我們快速學習語言，並紮實地記錄學習歷程，例如：透過 AI 協助快速查找單字與例句，製作如下方的表格內容，增加學習效率。

單字本

⊞ 單字列表

Aa 單字	≡ 中文 AI	≡ 例句 AI	⊙ 備註
apple	蘋果	I ate an apple for breakfast this morning.	
bear	熊	I saw a bear while hiking in the woods last weekend.	錯題
car	汽車	I need to take my car to the shop for repairs.	
desk	書桌	I need to clean my desk before I start working.	

+ New

1 在新頁面上新增**列表資料庫 (Table view)**，選擇建立一個新的資料庫。

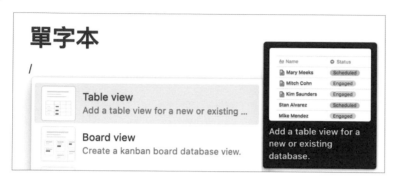

2 新增「AI 自動翻譯」功能。

第一欄預留給填寫新的單字，後面兩欄會套用 Notion AI 功能。

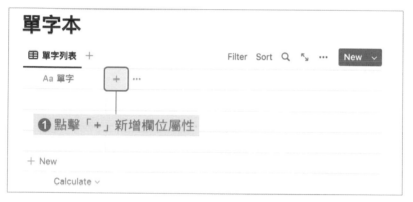

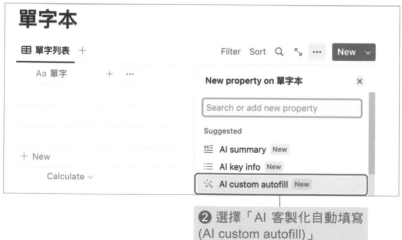

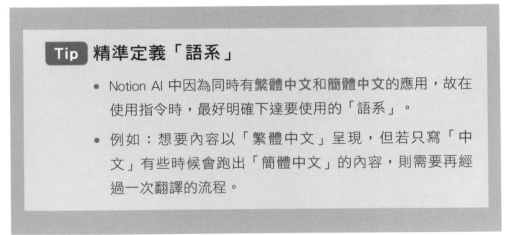

3 新增「AI 自動造句」功能。

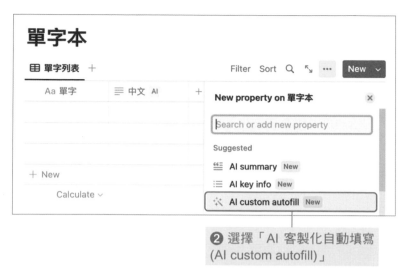

❷ 選擇「AI 客製化自動填寫 (AI custom autofill)」

開啟時，當欄位輸入文字後，AI 就會自動更新內容

❸ 在灰色區域輸入指令

4 新增「備註標籤」功能：接著結合前幾章節所學，可以放上單字的小備註，例如「錯題」、「易忘記」等等的個人化標籤，後續在複習時，就可以直接篩選出標籤加強記憶。

❶ 點擊「+」新增欄位屬性

❷ 選擇「多選標籤 (Multi-select)」

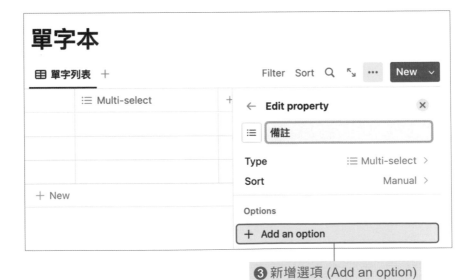

❸ 新增選項 (Add an option)

5 實際應用：完成「語言學習 AI 單字本」看板了，接著於第一欄輸入新的單字。

自動更新的部分，經過實測，更新快慢沒有一定時間，如果想要 AI立即作業，常需要手動觸發 AI。

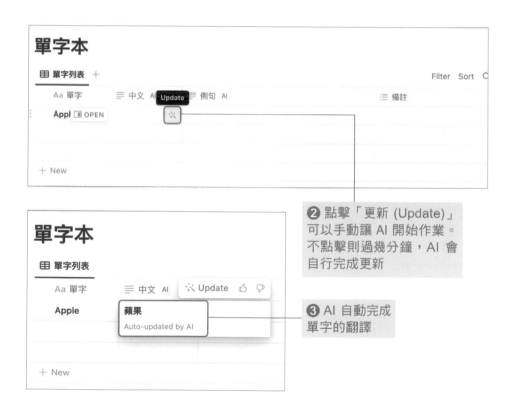

每當填入新單字，即可以自動產生中文翻譯與例句，且適用於各國語言。

下 AI 指令的時候，若能使用「英文」來進行，會比較容易成功。使用「繁體中文」有些時候 Notion AI 會得到錯誤的指令或是執行不正確的內容，這部分則要等到之後 Notion 官方會有相關的優化。

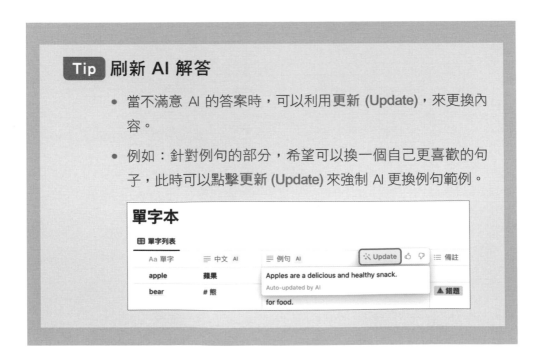

11-3 職場篇

製作「會議統整 AI 助手」

AI 互動方塊除了可以放進「資料庫看板」內應用之外,也可以單獨在頁面自成一個區塊,例如用來固定產出「會議結論」或是列出「行動方案」如下圖。

進一步拆解區塊,會分成「AI 自動產出區塊」與「手動輸入資訊區塊」,當手動輸入資訊的區塊完成後,就可以點擊 AI 自動產出會議的結論以及後續的行動方案:

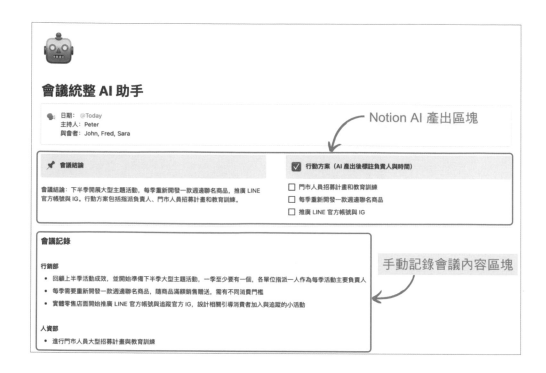

接著來實作此部分的頁面：

1 建立「會議資訊區」：放上簡易的「會議時間」與「參與人員」資訊。

② 點擊此處可以修改表情符號

③ 點擊此處更改顏色底色為「預設 (Default)」

④ 修改區塊底色

⑤ 輸入需要的資訊

⑤ 裡面，當引用 (Callout) 功能中有比較多資訊需要換行時，可以透過操作「**Shift + Enter**」的方式強制換行，若是只執行「Enter」則輸入標示會立刻跳出引用框之外。

2 建立「AI 會議結論」、「AI 行動方案」區塊。

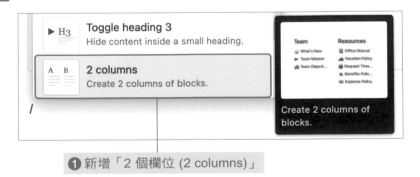

① 新增「2 個欄位 (2 columns)」

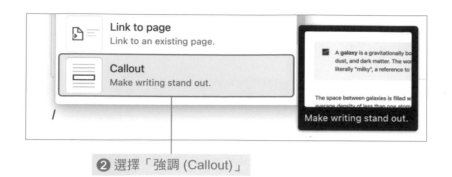

❷ 選擇「強調 (Callout)」

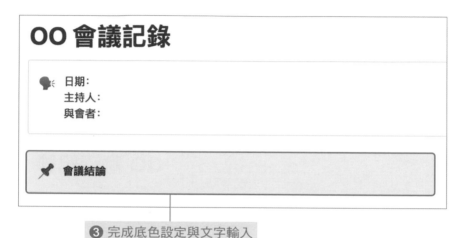

❸ 完成底色設定與文字輸入
(可以依個人喜好設定)

❹ 點擊此處複製
一個一樣的內容

❺ 拖拉至右側欄位

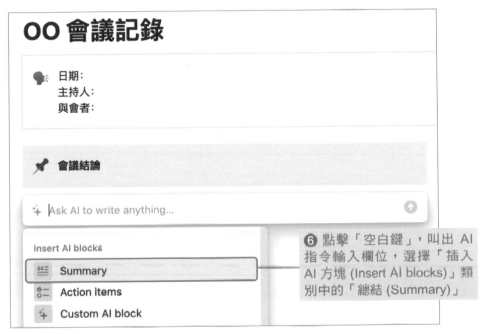

❻ 點擊「空白鍵」，叫出 AI 指令輸入欄位，選擇「插入 AI 方塊 (Insert AI blocks)」類別中的「總結 (Summary)」

❼ 點擊「空白鍵」，叫出 AI指令輸入欄位，選擇「插入 AI 方塊(Insert AI blocks)」類別中的「行動方案 (Action items)」

完成此區塊後，會呈現如下方：

OO 會議記錄

日期：
主持人：
與會者：

會議結論	行動方案
Summarize this page with AI　　Generate	Find action items on this page with AI　　Generate

3 建立「會議記錄區塊」：建立一條分隔線後，加入會議文字紀錄的區塊。

OO 會議記錄

日期：
主持人：
與會者：

會議結論	行動方案
Summarize this page with AI　　Generate	Find action items on this page with AI　　Generate

會議記錄
- Press 'space' for AI, '/' for commands...

4 進行實作。

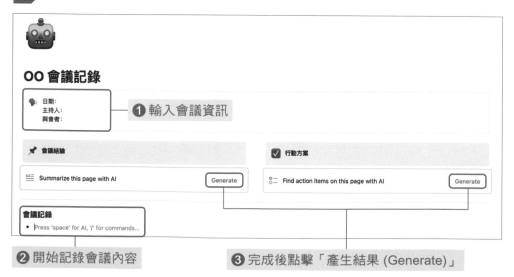

附錄 A

Notion 範例模板
使用方式說明

模板使用方式

　　Notion 支援直接複製特定頁面的功能，可以讓你直接複製任意特定頁面到自己的 Notion 帳號中，購書後可以透過到「旗標科技」官網輸入驗證碼後，取得本書各章節「可供複製模板」的 Notion 頁面，模板使用與複製方式如下：

1.　先連到以下網址：https://www.flag.com.tw/bk/st/F3157

2.　按照網頁指示，輸入指定文字後可取得模板連結。

3.　開啟「官網認證版」的 Notion 頁面。

各章節模板區，這邊以點選「生活應用篇」為例

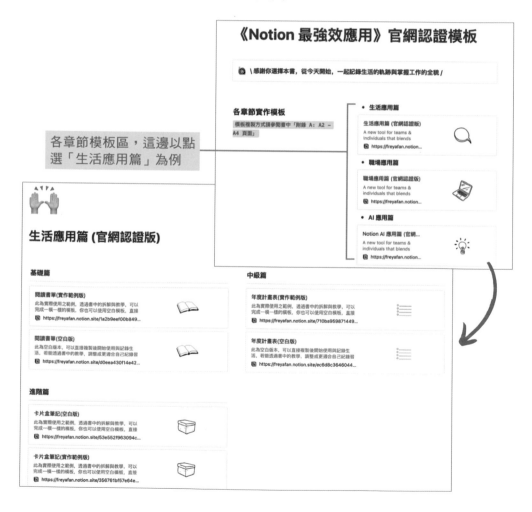

1 點擊其中一個想要複製的項目，點擊右上角**複製 (Duplicate)** 頁面。

2 複製完成後，該頁面會出現在你自己的左側選單中，頁面即可進行編輯。

「生活紀錄與應用」實作模板參考 註1

章節	基礎篇應用 我的閱讀書單	中級篇應用 年度計畫表	進階篇應用 卡片盒筆記法應用
Qrcode			
連結	https://freyafan.notion.site/freyafan/407bed6e933d47d5b4a699212a9152f4	https://freyafan.notion.site/f94e811afd174c3e9bea51fb5010c5a2?pvs=4	https://freyafan.notion.site/3055a85593d9432da305256cd75699ee?pvs=4

註1 此為範例版，若需要可複製的模板，需輸入網址 https://www.flag.com.tw/bk/st/F3157 進行認證後下載

「職場應用」實作模板參考 註2

章節	基礎篇應用 數位履歷與作品集應用	中級篇應用 工作管理系統	進階篇應用 GTD 時間管理系統
Qrcode			
連結	https://freyafan.notion.site/Ellen-Tsai-8a7564138bbf467782fa869e39f0397e?pvs=4	https://freyafan.notion.site/285c2eebd37e4ddcbe20166b4cc22577?pvs=4	https://freyafan.notion.site/GTD-7e281767ff884d0dae72808ccfe53c78?pvs=4

「AI 應用」實作模板參考 註3

章節	生活篇 規劃旅遊行程	生活篇 語言學習 AI 單字本	職場篇 會議統整 AI 助手
Qrcode			
連結	https://freyafan.notion.site/ee1177190ce948e58890c79c995a5139?pvs=4	https://freyafan.notion.site/4ab3639cca35407884b0184deebce875?pvs=4	https://freyafan.notion.site/AI-9c48130166d342ceb42f9dd4b62686cf?pvs=4

註2　此為範例版，若需要可複製的模板，需輸入網址 https://www.flag.com.tw/bk/st/F3157 進行認證後下載

註3　此為範例版，若需要可複製的模板，需輸入網址https://www.flag.com.tw/bk/st/F3157 進行認證後下載

附錄 B

Notion 技能樹

基礎	文字編輯 (Text)	顏色編輯
		主題符號與標題應用
	新增頁面 (Page)	分頁功能 (Inline / Full page)
	屬性系統 (Property)	進度標籤 (Status)
		自定義標籤 (Select / Multi-select)
		日期 (Date)
		核取方塊 (Checkbox)
	資料庫功能 (Data view)	列表資料庫 (Table)
		看板資料庫 (Board)
		清單資料庫 (List)
		陳列資料庫 (Gallery)
		日曆資料庫 (Calendar)
		時間軸資料庫 (Timeline)
	個人化頁面設計	新增封面照片與 icon

基本功：基礎文字編輯		P.2-8
基本功：基礎文字編輯		P.2-8
生活應用基礎篇	第一步：建立資料庫	P.4-3
生活應用基礎篇	第二步：欄位屬性與建立資訊	P.4-5
生活應用基礎篇	第二步：欄位屬性與建立資訊	P.4-6
生活應用基礎篇	第二步：欄位屬性與建立資訊	P.4-8
生活應用中級篇	第四步：新增額外的區塊欄位標題與待辦事項	P.5-18
生活應用基礎篇	第一步：建立資料庫	P.4-4
職場應用進階篇	第二步：建立「四大看板」	P.10-11
職場應用進階篇	第五步：建立「潛在資料與想法看板」	P.10-48
職場應用中級篇	第三步：建立「專案進度板」	P.9-31
職場應用中級篇	第四步：建立「臨時待辦事項區」	P.9-41
職場應用中級篇	第五步：建立「靈感紀錄區」	P.9-49
生活應用基礎篇	第三步：新增多種資料庫顯示方式	P.4-11
生活應用進階篇	第一步：建立一個陳列資料庫	P.6-8
職場應用基礎篇	第四步：其他作品集	P.8-25
職場應用進階篇	第四步：建立「專案計畫看板」	P.10-45
生活應用中級篇	第三步：新增日曆資料庫	P.5-9
職場應用進階篇	第三步：建立「工作日曆」	P.10-39
職場應用中級篇	第二步：建立「專案時程表」	P.9-6
生活應用基礎篇	第三步：新增多種資料庫顯示方式	P.4-12
職場應用基礎篇	第一步：建立個人資料區塊	P.8-6

中級	切分工作區域	用來區別工作與生活管理頁面
	個人化版面設計	切分欄位 (Columns)
	夾帶檔案 (File)	新增圖片與上傳檔案
	書籤功能 (Web bookmark)	在頁面上放上書籤連結
	分享頁面功能 (Share)	分享特定頁面成公開或特定的對象
	AI 功能 (2023 年最新推出)	AI 輔助整理資料
進階	過濾器功能 (Filter)	透過標籤調整資訊可視範圍
	排序功能 (Sort)	透過排序整理資料優先順序
	項目相依性 (Dependencies)	建立項目之間的相依關係
	子母項目 (Sub-items)	建立多個子母項目
	自定義按鈕 (Button)	建立按鈕功能
	屬性系統 (Property)	公式應用 (Formula)
	小工具應用	外部資料匯入與連動

基本功：Notion 介面介紹		P.2-2
生活應用中級篇	第一步：個人化頁面排版邏輯	P.5-4
職場應用基礎篇	第二步：說明主要專業技能	P.8-13
職場應用中級篇	第一步：規劃與劃分欄位區塊	P.9-5
職場應用進階篇	第二步：建立「四大看板」	P.10-10
職場應用基礎篇	第三步：學經歷與社團資料	P.8-22
職場應用基礎篇	第三步：學經歷與社團資料	P.8-23
生活應用基礎篇	第四步：大功告成，分享出去	P.4-16
Notion AI 應用	Notion AI 介紹	P.11-3
生活應用進階篇	第三步：新增頁面過濾器	P.6-12
職場應用中級篇	第二步：建立「專案時程表」	P.9-18
職場應用中級篇	第四步：建立「臨時待辦事項區」	P.9-46
職場應用中級篇	第二步：建立「專案時程表」	P.9-19
職場應用中級篇	第二步：建立「專案時程表」	P.9-26
職場應用中級篇	第六步：建立「自定義快捷按鈕」	P.9-58
生活應用中級篇	第五步：新增年度目標進度條功能	P.5-26
生活應用進階篇	第四步：實踐卡片盒筆記法概念	P.6-14

MEMO